电力电子技术模块化教程

主　编　王海伦
副主编　陈　列　杨　威　蔡志宏

中国原子能出版社

图书在版编目（CIP）数据

电力电子技术模块化教程 / 王海伦主编. -- 北京 : 中国原子能出版社, 2022.9
ISBN 978-7-5221-2159-8

Ⅰ. ①电… Ⅱ. ①王… Ⅲ. ①电力电子技术 – 模块化 – 教材 Ⅳ. ①TM1

中国版本图书馆CIP数据核字(2022)第180208号

内容简介

本教材首先简要阐述了电力电子技术的概念、发展、功能及应用，使读者对电力电子技术形成整体把握，为后续的模块化教程奠定基础。教材主体内容为四个模块化教程，每个模块化教程均以课题形式展开，主要介绍课题任务、实验原理、实验内容及步骤等。本书内容充实，实操性强，可作为电气工程及其自动化专业的教材，也可供从事电力电子技术、运动控制（交流调速）技术、电力系统及其自动化等领域工作的工程技术人员、相关专业研究学习等人员参考。

电力电子技术模块化教程

出版发行　中国原子能出版社（北京市海淀区阜成路43号　100048）
责任编辑　张　磊
装帧设计　河北优盛文化传播有限公司
责任印制　赵　明
印　　刷　北京天恒嘉业印刷有限公司
开　　本　787 mm×1092 mm　1/16
印　　张　12.25
字　　数　234千字
版　　次　2022年9月第1版　　2022年9月第1次印刷
书　　号　ISBN 978-7-5221-2159-8　　定　　价　78.00元

前　言

电力电子技术是一门新兴的应用于电力领域的电子技术，就是使用电力电子器件（如晶闸管、门极可关断晶闸管、绝缘栅双极晶体管等）对电能进行变换和控制的技术。电力电子技术所变换的“电力”功率可大到数百兆瓦甚至吉瓦，也可以小到数瓦，和以信息处理为主的信息电子技术不同，电力电子技术主要用于电力变换。

电力电子技术，又称“功率电子技术”（power electronics，PE），是应用于电力领域，使用电力电子元件对电能进行变换和控制的电子技术。电力电子学分为电力电子元件制造技术和变流技术。一般认为，电力电子技术的诞生是以 1957 年美国通用电气公司研制出的第一个晶闸管为标志的，电力电子技术的概念和基础就是由于晶闸管和晶闸管变流技术的发展而确立的。此前就已经有用于电力变换的电子技术，所以晶闸管出现前的时期可称为电力电子技术的史前或黎明时期。20 世纪 70 年代后期，以门极可关断晶闸管（GTO）、电力双极型晶体管（BJT）、电力场效应管（power-MOSFET）为代表的全控型器件全速发展（全控型器件的特点是通过对门极或基极的控制既可以使其开通又可以使其关断）。这使电力电子技术的面貌焕然一新并进入了新的发展阶段。20 世纪 80 年代后期，以绝缘栅极双极型晶体管 IGBT（可看作 MOSFET 和 BJT 的复合）为代表的复合型器件，集驱动功率小、开关速度快、通态压降小、载流能力大等优点于一身，成为现代电力电子技术的主导器件。为了使电力电子装置的结构更紧凑，体积更小，常常把若干个电力电子器件及必要的辅助器件做成模块的形式，后来又把驱动、控制、保护电路和功率器件集成在一起，构成功率集成电路（PIC）。

电力电子技术是建立在电子学、电工原理和自动控制三大学科上的新兴学科。因它本身是大功率的电技术，又大多是为应用强电的工业服务的，故常将它归属于电工类。电力电子技术的内容主要包括电力电子器件、电力电子电路和电力电子装置及其系统。电力电子器件以半导体为基本材料，最常用的材料为单晶硅，其理论基础为半导体物理学，工艺技术为半导体器件工艺。电力电子电路吸收了电子学的理论基础，根据器件的特点和电能转换的要求，又开发出许多电能转换电路。这些电路中还包括各种控制、触发、保护、显示、信息处理、继电接触等二次回路及外围电路。利用这些电路，根据应用对象的不同，组成了各种用途的整机，称为电力电子装置。这些装置常与负载、配套设备等组成一个系统。电子学、电工学、自动控制、信号检测处理等技术常在这些装置及其系统中大量应用。

本书共分为四个模块。模块一：相控整流电路。下设四个课题，晶闸管、电瓶充电机、晶闸管直流调速装置、中频感应加热电源。模块二：逆变电路。下设两个课题，绕线式异步电动机晶闸管串级调速、高频逆变焊机。模块三：交流变换电路。下设三个课题，电风扇无级调速器、软启动器、交流固态继电器。模块四：直流变换电路。下设三个课题，开关电源、IGBT和变频器等内容。

本书可作为电气工程及其自动化专业的教材，也可供从事电力电子技术、运动控制（交流调速）技术、电力系统及其自动化等领域工作的工程技术人员、相关专业研究学习等人员参考。

目　录

绪　论 ········ 001

模块一　相控整流电路 ········ 007

课题一　晶闸管 ········ 009

课题二　电瓶充电机 ········ 023

课题三　晶闸管直流调速装置 ········ 042

课题四　中频感应加热电源 ········ 050

模块二　逆变电路 ········ 089

课题一　绕线式异步电动机晶闸管串级调速 ········ 091

课题二　高频逆变焊机 ········ 100

模块三　交流变换电路 ········ 113

课题一　电风扇无级调速器 ········ 115

课题二　软启动器 ········ 124

课题三　交流固态继电器 ········ 127

模块四　直流变换电路 ········ 133

课题一　开关电源 ········ 135

课题二　IGBT ········ 169

课题三　变频器 ········ 179

参考文献 ········ 187

绪 论

一、电力电子技术的概念

电力电子技术是建立在电子学、电力学和控制学三个学科基础上的一门边缘学科，它横跨“电子”“电力”和“控制”三个领域，主要研究各种电力电子器件，以及由电力电子器件所构成的各种电路或变流装置，以完成对电能的变换和控制。它运用弱电（电子技术）控制强电（电力技术），是强弱电相结合的新学科。电力电子技术是目前最活跃、发展最快的一门学科，随着科学技术的发展，电力电子技术又与现代控制理论、材料科学、电机工程、微电子技术等许多领域密切相关，已逐步发展成为一门多学科互相渗透的综合性技术科学。

二、电力电子技术的发展

电力电子作为自动化、智能化、机电一体化的基础，正朝着应用技术高频化、硬件结构模块化、产品性能绿色化的方向发展。在不远的将来，电力电子技术将使电源技术更加成熟、经济、实用，实现高效率和高品质用电。

当今世界能源消耗增长十分迅速。目前，电力能源在所有能源中约占 40%，而电力能源中有 40% 是经过电力电子设备的转换才到使用者手中的。

（一）整流器时代

大功率的工业用电由工频（50 Hz）交流发电机提供，但是大约 20% 的电能是以直流形式消费的，其中最典型的是电解（有色金属和化工原料需要直流电解）、牵引（地铁机车等）和直流传动（轧钢、造纸等）三大领域。大功率硅整流器能够高效率地把工频交流电转变为直流电，因此在 20 世纪六七十年代，大功率硅整流管和晶闸管的开发与应用得到了很大发展。当时国内曾经掀起一股各地大办硅整流器厂的热潮。

（二）逆变器时代

20 世纪 70 年代，世界范围的能源危机出现，交流电机变频调速因节能效果显著而迅速发展。变频调速的关键技术是将直流电逆变为 0 ~ 100 Hz 的交流电。在 20 世纪七八十年代，随着变频调速装置的普及，大功率逆变用的晶闸管、巨型功率晶体管（GTR）和门极可关断晶闸管（GTO）成为当时电力电子器件的主角。类似的应用还包括高压直流输电、静止式无功功率动态补偿等。这时的电力电子技术已经能够实现整流和逆变，但工作频率较低，仅局限在中低频范围内。

（三）变频器时代

进入20世纪80年代，大规模和超大规模集成电路技术的迅猛发展，为现代电力电子技术的发展奠定了基础。将集成电路技术的精细加工技术和高压大电流技术有机结合，出现了一批全新的全控型功率器件。首先是功率MOSFET的问世，导致中小功率电源向高频化发展，而后绝缘门极双极晶体管（IGBT）的出现，又为大中型功率电源向高频发展带来了机遇。MOSFET和IGBT的相继问世，是传统的电力电子向现代电力电子转化的标志。据统计，到1995年底，功率MOSFET和GTR在功率半导体器件市场上已达到平分秋色的地步，而用IGBT代替GTR在电力电子领域已成定论。新型器件的发展不仅为交流电机变频调速提供了较高的频率，使其性能更加完善可靠，而且使现代电子技术不断向高频化发展，为用电设备的高效节材节能，以及实现小型轻量化、机电一体化和智能化提供了重要的技术基础。

三、电力电子技术的主要功能

电力电子技术包括电力电子器件、电力电子电路和控制技术三个部分，它的任务是研究电力电子器件的应用、电力电子电路的电能变换原理、控制技术以及电力电子装置的开发与应用。

电力电子技术的功能是以电力电子器件为核心，通过对不同电路的控制来实现对电能的转换和控制。其基本功能如下：

（1）可控整流。把交流电变换为固定或可调的直流电，也称为AC/DC变换。

（2）逆变。把直流电变换为频率固定或频率可调的交流电，也称为DC/AC变换。其中，把直流电能变换为50 Hz的交流电反送交流电网称为有源逆变，把直流电能变换为频率固定或频率可调的交流电供给用电器称为无源逆变。

（3）交流调压与周波变换。把交流电压变换为大小固定或可调的交流电压称为交流调压。把固定或变化频率的交流电变换为频率可调的交流电称为变频（周波变换）。交流调压与变频亦称为AC/AC变换。

（4）直流斩波。把固定的直流电变换为固定或可调的直流电，亦称为DC/DC变换。

（5）无触电功率静态开关。接通或断开交直流电流通路。

上述变换功能统称为变流。在实际应用中，可将上述各种功能进行组合。

四、电力电子技术的应用

电力电子技术的应用领域相当广泛，它不仅用于一般工业，也广泛用于交通运输、电力系统、通信系统、计算机系统、新能源系统等，在照明、空调等家用电器及其他领域中也有着广泛的应用。容量从几瓦至 1 GW 不等，工作频率也可由几赫兹至 100 MHz。

（一）一般工业

工业中大量应用各种交直流电动机，其中直流电动机有良好的调速性能。为其供电的可控整流电源或直流斩波电源都是电力电子装置。近年来，电力电子变频技术迅速发展，使交流电动机的调速性能可与直流电动机相媲美，交流调速技术大量应用并占据主导地位。大至数千瓦的各种轧钢机，下到几百瓦的数控机床的伺服电动机都广泛采用电力电子交直流调速技术。一些对调速性能要求不高的大型鼓风机等近年来也采用了变频装置，以达到节能的目的。还有些并不特别要求调速的电动机，为了避免起动时的电路冲击而采用了软起动装置，这种软起动装置也是电力电子装置。

电化学工业大量使用直流电源，电解铝、电解食盐水等都需要大容量整流电源。电镀装置也需要整流电源。

电力电子技术还大量用于冶金工业中的高频或中频感应加热电源、淬火电源等场合。

（二）交通运输

电气化铁道中广泛采用电力电子技术。电力机车中的直流机车中采用整流装置，交流机车采用变频装置。直流斩波器也广泛用于铁道车辆。在磁悬浮列车中，电力电子技术更是一项关键技术。除牵引电动机传动外，车辆中的各种辅助电源也都离不开电力电子技术。

电动汽车的电动机依靠电力电子装置进行电力变换和驱动控制，其蓄电池的充电也离不开电力电子装置。一台高级汽车中需要许多控制电动机，它们也要靠变频器和斩波器驱动并控制。

飞机、船舶需要很多不同要求的电源，因此航空和航海都离不开电力电子技术。

如果把电梯也算作交通运输工具，那么它也需要电力电子技术。以前的电梯大都采用直流调速系统，而近年来交流调速已成为主流。

（三）电力系统

电力电子技术在电力系统中有着非常广泛的应用。据估计，发达国家在用户最终使用的电能中，有 60% 以上的电能至少经过一次以上的电力电子变流装置的处理。电力系统在通向现代化的进程中，电力电子技术是关键技术之一。可以毫不夸张地说，如果离开电力电子技术，电力系统的现代化就是不可想象的。

直流输电在长距离、大容量输电时有很大的优势，其送电端的整流阀和受电端的逆变阀都采用晶闸管变流装置。柔性交流输电（FACTS）也是依靠电力电子装置才得以实现的。

无功补偿和谐波抑制对电力系统有重要的意义。晶闸管控制电抗器（TCR）、晶闸管投切电容器（TSC）都是重要的无功补偿装置。近年来出现的静止无功发生器（SVG）、有源电力滤波器（APF）等新型电力电子装置具有更为优越的无功功率和谐波补偿的性能。在配电网系统中，电力电子装置还可用于防止电网瞬时停电、瞬时电压跌落、闪变等，以进行电能质量控制，改善供电质量。

在变电所中，给操作系统提供可靠的交直流操作电源、给蓄电池充电等都需要电力电子装置。

（四）电子装置用电源

各种电子装置一般都需要不同电压等级的直流电源供电。通信设备中的程控交换机所用的直流电源采用全控型器件的高频开关电源。大型计算机所需的工作电源、微型计算机内部的电源也都采用高频开关电源。在各种电子装置中，以前大量采用线性稳压电源供电，由于开关电源体积小、重量轻、效率高，现在已逐步取代了线性电源。因为各种信息技术装置都需要电力电子装置提供电源，所以可以说信息电子技术离不开电力电子技术。

（五）家用电器

种类繁多的家用电器，小至一台调光灯具、高频荧光灯具，大至通风取暖设备、微波炉以及众多电动机驱动设备，都离不开电力电子技术。

电力电子技术广泛用于家用电器使它和我们的生活变得十分贴近。

（六）其他

除上述用途外，几乎所有的领域都离不开电力电子技术。

不间断电源（UPS）在现代社会中的作用越来越重要，用量也越来越大。目前，UPS 在电力电子产品中已占有相当大的份额。

以前电力电子技术的应用偏重于中、大功率。现在，在 1 kW 以下，甚至几十瓦以下的功率范围内，电力电子技术的应用越来越广，其地位也越来越重要。这已成为一个重要的发展趋势，值得引起人们的注意。

总之，电力电子技术的应用范围十分广泛。从人类对宇宙和大自然的探索，到国民经济的各个领域，再到我们的衣食住行，到处都能感受到电力电子技术的存在和巨大魅力。

模块一　相控整流电路

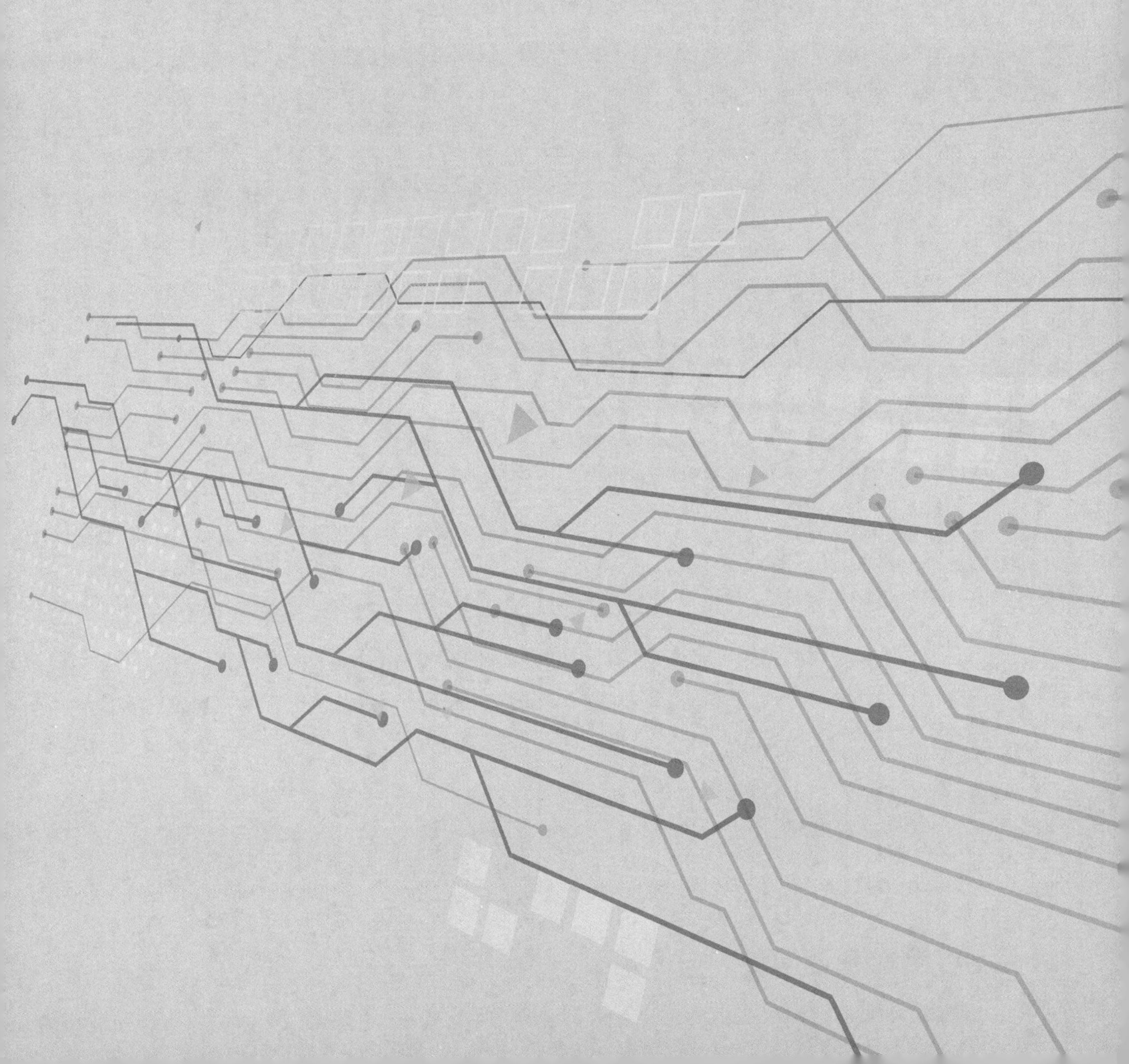

课题一　晶闸管

【课题描述】

晶闸管从 20 世纪 60 年代开始生产、使用以来，发展到现在已成为电力电子器件中品种最多、数量最大的一类，由于它耐压高、电流容量大以及开通的可控性，已被广泛应用于可控整流、逆变、交流调压、直流变换等领域，成为低频、大功率变流装置中的主要器件。晶闸管导通和关断条件测试电路如图 1-1 所示。

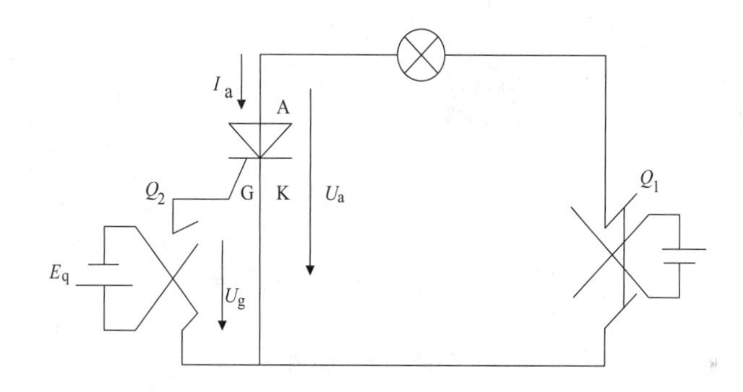

图 1-1　晶闸管导通和关断条件测试电路图

【学习目标】

➢ 掌握晶闸管的工作原理。
➢ 用万用表测试晶闸管的好坏。

【相关知识】

一、晶闸管的结构与工作原理

（一）晶闸管的结构

目前，国内外生产的晶闸管的外形封装形式可分为小电流塑封式、小电流螺旋式、大电流螺旋式和大电流平板式（额定电流在 200 A 以上），分别如图 1-2（a）~（d）所示。晶闸管是一种大功率 PNPN 四层半导体元件，具有三个 PN 结，引出三个极，阳极 A、阴极 K、门极（控制极）G，其电气图形符号如图 1-2（e）所示。

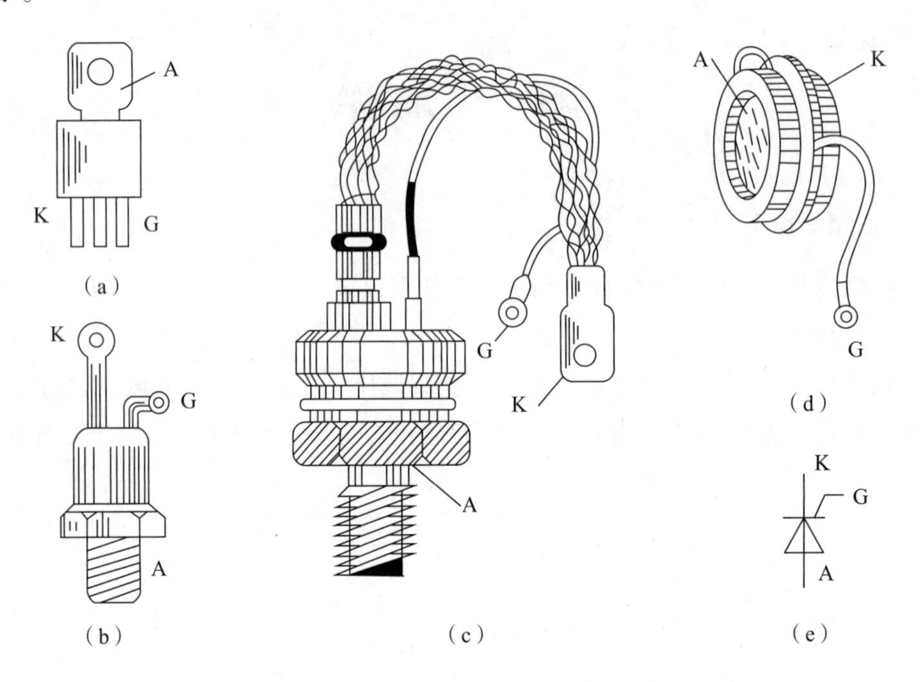

图 1-2　晶闸管的外形及符号

晶闸管的内部结构和等效电路如图 1-3 所示。

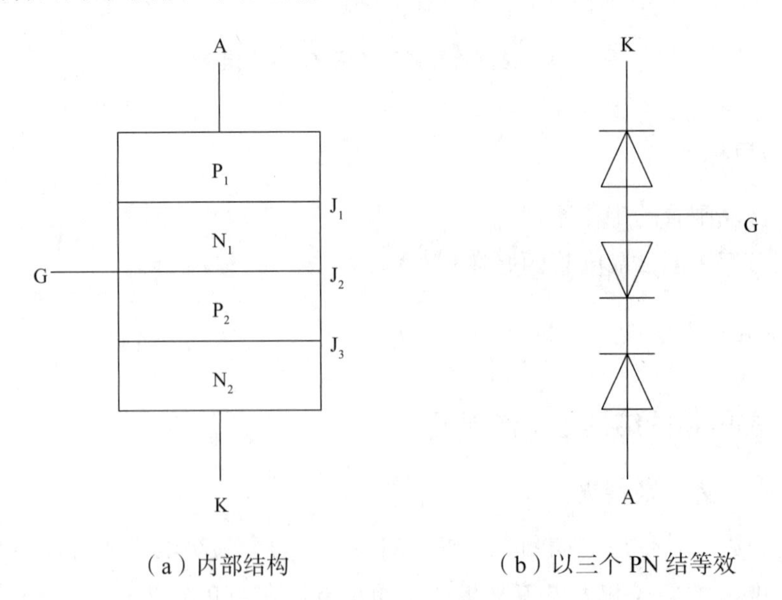

（a）内部结构　　（b）以三个 PN 结等效

图 1-3　晶闸管的内部结构和等效电路图

（二）晶闸管的工作原理

为了说明晶闸管的工作原理，我们先做一个实验，实验电路如图 1-4 所示。阳极电源 E_a 连接负载（白炽灯）接到晶闸管的阳极 A 与阴极 K，组成晶闸管的主电路。流过晶闸管阳极的电流称阳极电流 I_a，晶闸管阳极和阴极两端电压，称阳极电压 U_a。门极电源 E_g 连接晶闸管的门极 G 与阴极 K，组成控制电路亦称触发电路。流过门极的电流称门极电流 I_g，门极与阴极之间的电压称门极电压 U_g。用灯泡来观察晶闸管的通断情况。该实验分九个步骤进行。

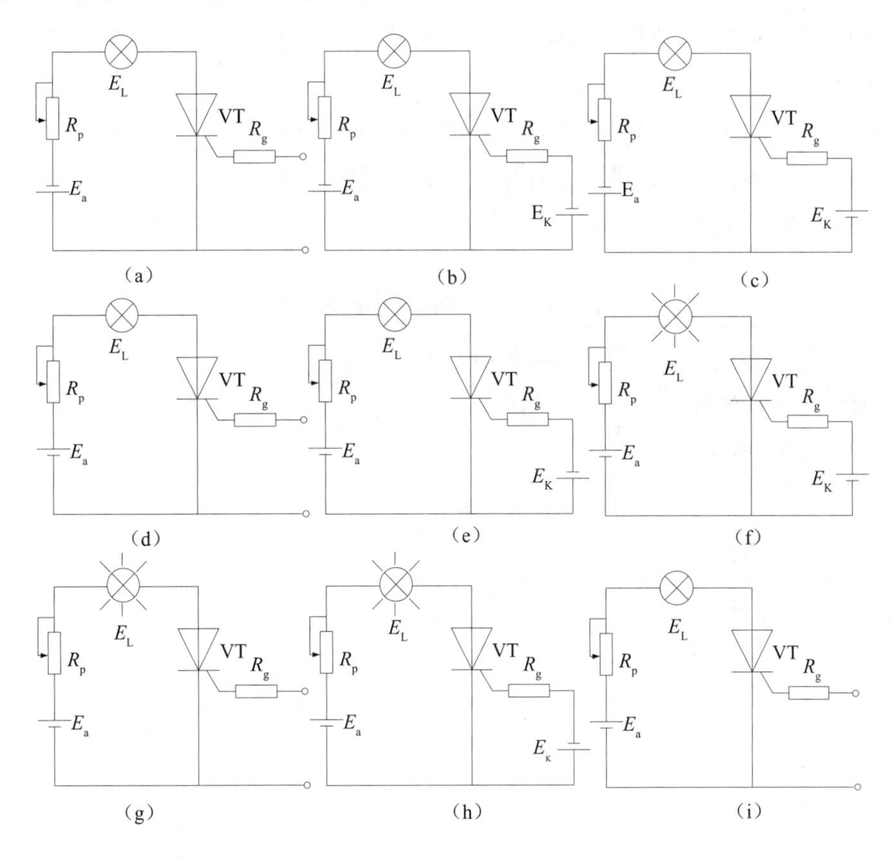

图 1-4　晶闸管导通关断条件实验电路

第一步：按图 1-4（a）接线，阳极和阴极之间加反向电压，门极和阴极之间不加电压，指示灯不亮，晶闸管不导通。

第二步：按图 1-4（b）接线，阳极和阴极之间加反向电压，门极和阴极之间加反向电压，指示灯不亮，晶闸管不导通。

第三步：按图 1-4（c）接线，阳极和阴极之间加反向电压，门极和阴极之间加正向电压，指示灯不亮，晶闸管不导通。

第四步：按图 1-4（d）接线，阳极和阴极之间加正向电压，门极和阴极之间不加电压，指示灯不亮，晶闸管不导通。

第五步：按图 1-4（e）接线，阳极和阴极之间加正向电压，门极和阴极之间加反向电压，指示灯不亮，晶闸管不导通。

第六步：按图 1-4（f）接线，阳极和阴极之间加正向电压，门极和阴极之间也加正向电压，指示灯亮，晶闸管导通。

第七步：按图 1-4（g）接线，去掉触发电压，指示灯亮，晶闸管仍导通。

第八步：按图 1-4（h）接线，门极和阴极之间加反向电压，指示灯亮，晶闸管仍导通。

第九步：按图 1-4（i）接线，去掉触发电压，将电位器阻值加大，晶闸管阳极电流减小，当电流减小到一定值时，指示灯熄灭，晶闸管关断。

实验现象与结论列于表 1-1。

表 1-1　晶闸管导通和关断实验

实验顺序		实验前 灯的情况 阳极电压 U_a	实验时晶闸管条件		实验后 灯的情况	结　论
			门极电压 U_g			
导通实验	1	暗	反向	反向	暗	晶闸管在反向阳极电压作用下，不论门极为何电压，它都处于关断状态
	2	暗	反向	零	暗	
	3	暗	反向	正向	暗	
	1	暗	正向	反向	暗	晶闸管同时在正向阳极电压与正向门极电压作用下才能导通
	2	暗	正向	零	暗	
	3	暗	正向	正向	亮	
关断实验	1	亮	正向	正向	亮	已导通的晶闸管在正向阳极作用下，门极失去控制作用
	2	亮	正向	零	亮	
	3	亮	正向	反向	亮	
	4	亮	正向（逐渐减小到接近于零）	任意	暗	晶闸管在导通状态时，当阳极电压减小到接近于零时，晶闸管关断

实验说明：

（1）当晶闸管承受反向阳极电压时，无论门极是否有正向触发电压或者承受反向电压，晶闸管不导通，只有很小的反向漏电流流过管子，这种状态称为反向阻断状态。说明晶闸管像整流二极管一样，具有单向导电性。

（2）当晶闸管承受正向阳极电压时，门极加上反向电压或者不加电压，晶闸管不导通，这种状态称为正向阻断状态。这是二极管所不具备的。

（3）当晶闸管承受正向阳极电压时，门极加上正向触发电压，晶闸管导通，这种状态称为正向导通状态。这就是晶闸管闸流特性，即可控特性。

（4）晶闸管一旦导通后维持阳极电压不变，将触发电压撤除管子依然处于导通状态。即门极对管子不再具有控制作用。

由此可得出以下结论：

（1）晶闸管导通条件：阳极加正向电压、门极加适当正向电压。

（2）关断条件：流过晶闸管的电流小于维持电流。

（三）晶闸管的导通关断原理

由晶闸管的内部结构可知，它是四层（$P_1N_1P_2N_2$）三端（A、K、G）结构，有三个 PN 结，即 J_1、J_2、J_3。因此可用三个串联的二极管等效（图 1-3）。当阳极 A 和阴极 K 两端加正向电压时，J_2 处于反偏，$P_1N_1P_2N_2$ 结构处于阻断状态，只能通过很小的正向漏电流；当阳极 A 和阴极 K 两端加反向电压时，J_1 和 J_3 处于反偏，$P_1N_1P_2N_2$ 结构也处于阻断状态，只能通过很小的反向漏电流，所以晶闸管具有正反向阻断特性。

晶闸管的 $P_1N_1P_2N_2$ 结构又可以等效为两个互补连接的晶体管（见图 1-5）。晶闸管的导通关断原理可以通过等效电路来分析。

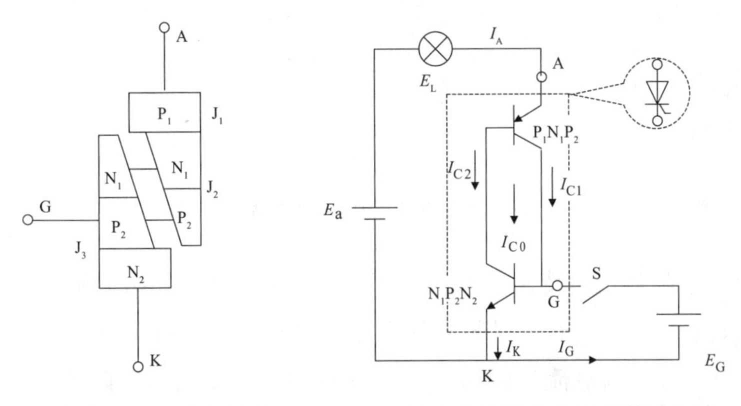

（a）以互补三极管等效　　（b）晶闸管工作原理等效电路

图 1-5　晶闸管工作原理的等效电路

当晶闸管加上正向阳极电压，门极也加上足够的门极电压时，则有电流 I_G 从门极流入 $N_1P_2N_2$ 管的基极，经 $N_1P_2N_2$ 管放大后的集电极电流 I_{C2} 又是 $P_1N_1P_2$ 管的基极电流，再经 $P_1N_1P_2$ 管的放大，其集电极电流 I_{C1} 又流入 $N_1P_2N_2$ 管的基极。如此循环，便产生强烈的正反馈过程，使两个晶体管快速饱和导通，从而使晶闸管由阻断迅速地变为导通。导通后晶闸管两端的压降一般为 1.5 V 左右，流过晶闸管的电流将取决于外加电源电压和主回路的阻抗。

晶闸管一旦导通后，即使 $I_G = 0$，但因 I_{C1} 的电流在内部直接流入 $N_1P_2N_2$ 管的基极，晶闸管仍将继续保持导通状态。若要晶闸管关断，只有降低阳极电压到零或对晶闸管加上反向阳极电压，使 I_{C1} 的电流减少至 $N_1P_2N_2$ 管接近截止状态，即流过晶闸管的阳极电流小于维持电流，晶闸管方可恢复阻断状态。

二、晶闸管特性与主要参数

（一）晶闸管的阳极伏安特性

晶闸管的阳极与阴极间电压和阳极电流之间的关系，称为阳极伏安特性。其伏安特性曲线如图 1-6 所示。

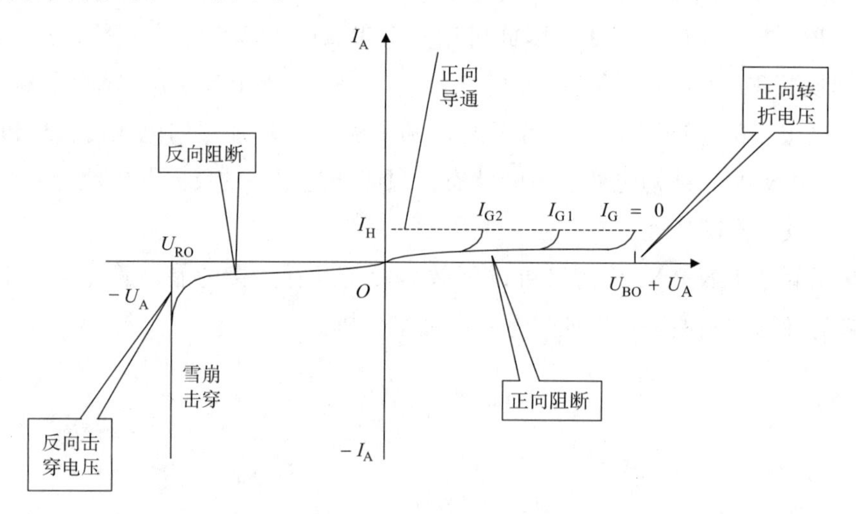

图 1-6　晶闸管阳极伏安特性

图中第 I 象限为正向特性，当 $I_G = 0$ 时，如果在晶闸管两端所加正向电压 U_A 未增到正向转折电压 U_{BO} 时，晶闸管处于正向阻断状态，只有很小的正向漏电流。当 U_A 增到 U_{BO} 时，漏电流急剧增大，晶闸管导通，正向电压降低，其特性和二极管的正向伏安特性相仿，称为正向转折或“硬开通”。多次“硬开通”会损坏管子，晶闸管通常不允许这样工作。一般对晶闸管的门极加足够大的触发电流使其导通，门极触发电流越大，正向转折电压越低。

晶闸管的反向伏安特性如图中第Ⅲ象限所示，它与整流二极管的反向伏安特性相似。处于反向阻断状态时只有很小的反向漏电流，当反向电压超过反向击穿电压 U_{BO} 时，反向漏电流急剧增大，造成晶闸管反向击穿而损坏。

（二）晶闸管的主要参数

在实际使用的过程中，我们往往要根据实际的工作条件进行管子的合理选择，以达到满意的技术经济效果。怎样才能正确地选择管子呢？这主要包括两个方面：一方面要根据实际情况确定所需晶闸管的额定值；另一方面要根据额定值确定晶闸管的型号。

晶闸管的各项额定参数在晶闸管生产后，由厂家经过严格测试而确定，作为使用者来说，只需要能够正确地选择管子就可以了。表 1–2 列出了晶闸管的一些主要参数。

表 1–2　晶闸管的主要参数

型　号	通态峰值电流 / A	通态峰值电压 / V	断态正反向重复峰值电流 / mA	断态正反向重复峰值电压 / V	门极触发电流 / mA	门极触发电压 / V	断态电压临界上升率 / V · μs⁻¹	推荐用散热器	安装力 / kN
KP5	5	≤ 2.2	≤ 8	100 ～ 2000	＜ 60	＜ 3		SZ14	
KP10	10	≤ 2.2	≤ 10	100 ～ 2000	＜ 100	＜ 3	250 ～ 800	SZ15	
KP20	20	≤ 2.2	≤ 10	100 ～ 2000	＜ 150	＜ 3		SZ16	
KP30	30	≤ 2.4	≤ 20	100 ～ 2400	＜ 200	＜ 3	50 ～ 1000	SZ16	
KP50	50	≤ 2.4	≤ 20	100 ～ 2400	＜ 250	＜ 3		SZ17	
KP100	100	≤ 2.6	≤ 40	100 ～ 3000	＜ 250	＜ 3.5		SZ17	
KP200	200	≤ 2.6	≤ 0	100 ～ 3000	＜ 350	＜ 3.5		L18	11
KP300	300	≤ 2.6	≤ 50	100 ～ 3000	＜ 350	＜ 3.5		L18B	15
KP500	500	≤ 2.6	≤ 60	100 ～ 3000	＜ 350	＜ 4	100 ～ 1000	SF15	19
KP800	800	≤ 2.6	≤ 80	100 ～ 3000	＜ 350	＜ 4		SF16	24
KP1000	1000			100 ～ 3000				SS13	
KP1500	1000	≤ 2.6	≤ 80	100 ～ 3000	＜ 350	＜ 4		SF16	30
KP2000								SS13	
	1500	≤ 2.6	≤ 80	100 ～ 3000	＜ 350	＜ 4		SS14	43
	2000	≤ 2.6	≤ 80	100 ～ 3000	＜ 350	＜ 4		SS14	50

1. 晶闸管的电压定额

（1）断态重复峰值电压 U_{DRM}

在图 1–6 的晶闸管的阳极伏安特性中，我们规定，当门极断开，晶闸管处在额定结温时，允许重复加在管子上的正向峰值电压为晶闸管的断态重复峰值电压，用 U_{DRM} 表示。它是由伏安特性中的正向转折电压 U_{BO} 减去一定裕量，成为晶闸管的断态不重复峰值电压 U_{DSM}，然后再乘以 90% 而得到的。至于断态不重复峰值电压 U_{DSM} 与正向转折电压 U_{BO} 的差值，则由生产厂家自定。这里需要说明的是，晶闸管正向工作时有两种工作状态：阻断状态简称断态；导通状态简称通态。参数中提到的断态和通态一定是正向的，因此“正向”两字可以省去。

（2）反向重复峰值电压 U_{RRM}

相似地，我们规定当门极断开，晶闸管处在额定结温时，允许重复加在管子上的反向峰值电压为反向重复峰值电压，用 U_{RRM} 表示。它是由伏安特性中的反向击穿电压 U_{RO} 减去一定裕量，成为晶闸管的反向不重复峰值电压 U_{RSM}，然后再乘以 90% 而得到的。至于反向不重复峰值电压 U_{RSM} 与反向转折电压 U_{RO} 的差值，则由生产厂家自定。一般晶闸管若承受反向电压，它一定是阻断的，因此参数中“阻断”两字可省去。

（3）额定电压 U_{Tn}

将 U_{DRM} 和 U_{RRM} 中的较小值按百位取整后作为该晶闸管的额定值。例如：某晶闸管实测 U_{DRM} = 812 V，U_{RRM} = 756 V，将两者较小的 756 V 按表 1-2 取整得 700 V，该晶闸管的额定电压为 700 V。

在晶闸管的铭牌上，额定电压是以电压等级的形式给出的，通常标准电压等级的规定如下：电压在 1000 V 以下，每 100 V 为一级；1000 V 到 3000 V，每 200 V 为一级，用百位数或千位和百位数表示级数。电压等级如表 1-3 所示。

表 1-3　晶闸管标准电压等级

级　别	正反向重复峰值电压 / V	级　别	正反向重复峰值电压 / V	级　别	正反向重复峰值电压 / V
1	100	8	800	20	2000
2	200	9	900	22	2200
3	300	10	1000	24	2400
4	400	12	1200	26	2600
5	500	14	1400	28	2800
6	600	16	1600	30	3000
7	700	18	1800		

在使用过程中，环境温度的变化、散热条件以及出现的各种过电压都会对晶闸管产生影响，因此在选择管子的时候，应当使晶闸管的额定电压是实际工作时可能承受的最大电压的 2 ～ 3 倍，即：

$$U_{Tn} \geqslant (2\sim3)U_{TM} \tag{1-1}$$

（4）通态平均电压 $U_{T(AV)}$

在规定环境温度、标准散热条件下，元件通以额定电流时，阳极和阴极间电压降的平均值，称为通态平均电压（一般称管压降），其数值按表 1-4 分组。从减小损耗和元件发热来看，应选择 $U_{T(AV)}$ 较小的管子。实际当晶闸管流过较大的恒定直流电流时，其通态平均电压比元件出厂时定义的值大，约为 1.5 V。

表 1-4　晶闸管通态平均电压分组

组　别	A	B	C	D	E
通态平均电压 / V	$U_T \leqslant 0.4$	$0.4 < U_T \leqslant 0.5$	$0.4 < U_T \leqslant 0.5$	$0.6 < U_T \leqslant 0.7$	$0.7 < U_T \leqslant 0.8$
组　别	F	G	H	I	
通态平均电压 / V	$0.8 < U_T \leqslant 0.9$	$0.9 < U_T \leqslant 1.0$	$1.0 < U_T \leqslant 1.1$	$1.1 < U_T \leqslant 1.2$	

2. 晶闸管的电流定额

（1）额定电流$I_{T(AV)}$

整流设备的输出端所接负载常用平均电流来表示，晶闸管额定电流的标定与其他电器设备不同，采用的是平均电流，而不是有效值，又称为通态平均电流。所谓通态平均电流，就是指在环境温度为 40℃和规定的冷却条件下，晶闸管在导通角不小于 170° 电阻性负载电路中，当不超过额定结温且稳定时，所允许通过的工频正弦半波电流的平均值。将该电流按晶闸管标准电流系列（表 1-2）取值，称为晶闸管的额定电流。

但是，决定晶闸管结温的是管子损耗的发热效应，表征热效应的电流是以有效值表示的，其两者的关系为：

$$I_{Tn} = 1.57 I_{T(AV)} \tag{1-2}$$

如额定电流为 100 A 的晶闸管，其允许通过的电流有效值为 157 A。

由于电路不同、负载不同、导通角不同，流过晶闸管的电流波形不一样，因此它的电流平均值和有效值的关系也不一样，晶闸管在实际选择时，其额定电流的确定一般按以下原则：管子在额定电流时的电流有效值大于其所在电路中可能流过的最大电流的有效值，同时取 1.5 ～ 2 倍的余量，即：

$$1.57 I_{T(AV)} = I_T \geqslant (1.52) I_{Tm} \tag{1-3}$$

所以：

$$I_{T(AV)} \geqslant (1.52) \frac{I_{Tm}}{1.57} \tag{1-4}$$

例 1-1 某晶闸管接在 220 V 交流电路中，通过晶闸管电流的有效值为 50 A，应该如何选择晶闸管的额定电压和额定电流？

解： 晶闸管额定电压

$$U_{Tn} \geqslant (2\sim3)U_{TM} = (2\sim3)\sqrt{2}\times 220\ \text{V} = 622\sim933\ \text{V}$$

按晶闸管参数系列取 800 V，即 8 级。

则晶闸管的额定电流

$$I_{T(AV)} \geqslant (1.5\sim2)\frac{I_{Tm}}{1.57} = (1.5\sim2)\times\frac{50}{1.57}\ \text{A} = 48\sim64\ \text{A}$$

按晶闸管参数系列取 50 A。

（2）维持电流 I_H

在室温下门极断开时，元件从较大的通态电流降到刚好能保持导通的最小阳极电流称为维持电流 I_H。维持电流与元件容量、结温等因素有关，额定电流大的管子维持电流也大，同一管子结温低时维持电流增大，维持电流大的管子容易关断。即使是同一型号的管子，其维持电流也各不相同。

（3）擎住电流 I_L

给晶闸管门极加上触发电压，当元件从阻断状态刚转为导通状态就去除触发电压，此时元件维持导通所需要的最小阳极电流，称为擎住电流 I_L。对同一个晶闸管来说，通常擎住电流 I_L 比维持电流 I_H 大 2 ～ 4 倍。

（4）断态重复峰值电流 I_{DRM} 和反向重复峰值电流 I_{RRM}

I_{DRM} 和 I_{RRM} 分别是对应于晶闸管承受断态重复峰值电压 U_{DRM} 和反向重复峰值电压 U_{RRM} 时的峰值电流。它们都应不大于表 1-2 中所规定的数值。

（5）浪涌电流 I_{TSM}

I_{TSM} 是一种由于电路异常情况（如故障）引起的并使结温超过额定结温的不重复性最大正向过载电流。浪涌电流有上下两个级，这些不重复电流定额用来设计保护电路。

3. 门极参数

（1）门极触发电流 I_{gT}

室温下，在晶闸管的阳极—阴极加上 6 V 的正向阳极电压，管子由断态转为通态所必需的最小门极电流，称为门极触发电流 I_{gT}。

（2）门极触发电压 U_{gT}

产生门极触发电流 I_{gT} 所必需的最小门极电压，称为门极触发电压 U_{gT}。

为了保证晶闸管的可靠导通，常常采用实际的触发电流比规定的触发电流大。

4. 动态参数

（1）断态电压临界上升率 du/dt

du/dt 是在额定结温和门极开路的情况下，不导致从断态到通态转换的最大阳极电压上升率。实际使用时的电压上升率必须低于此规定值（见表 1-2）。

限制元件正向电压上升率的原因如下：在正向阻断状态下，反偏的 J_2 结相当于一个结电容，如果阳极电压突然增大，便会有一充电电流流过 J_2 结，相当于有触发电流。若 du/dt 过大，即充电电流过大，就会造成晶闸管的误导通，所以在使用时应采取保护措施，使它不超过规定值。

（2）通态电流临界上升率 di/dt

di/dt 是在规定条件下，晶闸管能承受而无有害影响的最大通态电流上升率。其允许值如表 1-2 所示。

如果阳极电流上升太快，则晶闸管刚一开通时，会有很大的电流集中在门极附近的小区域内，造成 J_2 结局部过热而使晶闸管损坏。因此，在实际使用时要采取保护措施，使其被限制在允许值内。

5. 晶闸管的型号

根据国家的有关规定，普通晶闸管的型号及含义如图 1-7 所示。

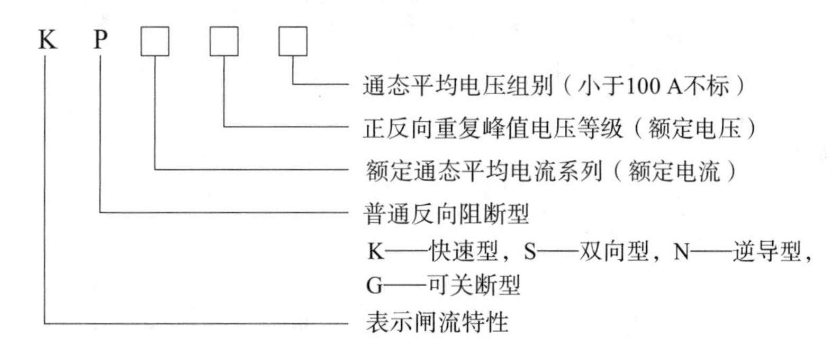

图 1-7　普通晶闸管的型号及含义

【能力提高】

一、设计晶闸管导通和关断条件测试电路

晶闸管导通和关断条件测试电路如图 1-1 所示。

二、项目训练设备

测试电路板　　　　　　　　1 块

测试电路元件　　　　　　1 套
万用表　　　　　　　　　1 块

三、训练内容与步骤

（1）根据图 1-1 所示电路接线。
（2）晶闸管电极的判断。
（3）晶闸管单相导电性测试。
（4）晶闸管好坏测试。

四、训练注意事项

（1）注意鉴别晶闸管的好坏。
（2）在测试晶闸管各极间的阻值时其旋钮应放在同一档测量为准。
（3）测量门极与阴极间的电阻时，一般应放在 R × 10 档测量为准。

五、项目报告

（1）写出项目操作的步骤。
（2）记录灯与阳极电压和门极电压间的关系并总结导通关断条件。
（3）写出本项目训练的心得与体会。

【扩展内容】

一、可关断晶闸管（GTO）

在大功率直流调速装置中，有的使用可关断晶闸管（GTO）器件，如电力机车整流主电路主要器件就是 GTO，通过控制几个 GTO，来调节整流输出电压。

（一）GTO 的结构及工作原理

GTO 的主要特点是既可用门极正向触发信号使其触发导通，又可向门极加负向触发电压使其关断。

GTO 与普通晶闸管一样，也是 PNPN 四层三端器件，图 1-8 是 GTO 的外形和图形符号。GTO 是多元的功率集成器件，它内部包含了数十个甚至是数百个共阳极的 GTO 元，这些小的 GTO 元的阴极和门极则在器件内部并联在一起，且每个 GTO 元阴极和门极距离很短，有效地减小了横向电阻，因此可以从门极抽出电流而使它关断。

（a）可关断（GTO）的外形

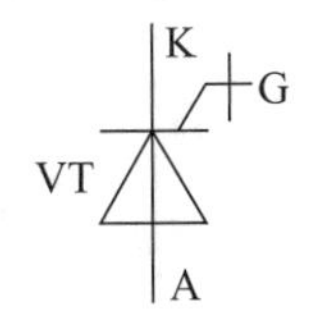

（b）可关断（GTO）的图形符号

图 1-8　可关断晶闸管（GTO）的外形及符号

其内部结构如图 1-9 所示。

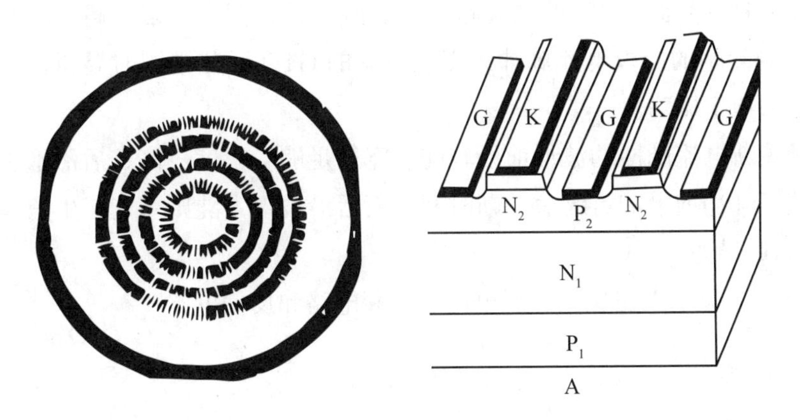

图 1-9　可关断（GTO）的内部结构

GTO 的触发导通原理与普通晶闸管相似，阳极加正向电压，门极加正触发信号后，使 GTO 导通。但要关断 GTO 时，则需要给门极加上足够大的负电压。

（二）GTO 的驱动电路

GTO 的触发导通过程与普通晶闸管相似，但影响它关断的因素却很多，GTO 的门极关断技术是其正常工作的基础。

理想的门极驱动信号（电流、电压）波形如图 1-10 所示，其中实线为电流波形，虚线为电压波形。

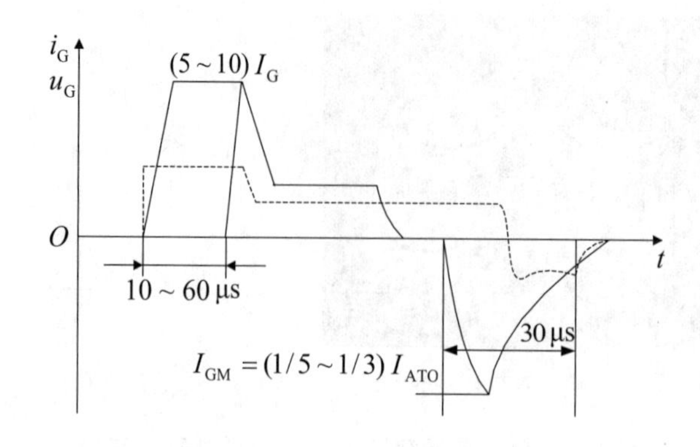

图 1-10　GTO 门极驱动信号波形

触发 GTO 导通时，门极电流脉冲应前沿陡、宽度大、幅度高、后沿缓。这是因为上升陡峭的门极电流脉冲可以使所有的 GTO 元几乎同时导通，而脉冲后沿太陡容易产生振荡。

门极关断电流脉冲的波形前沿较陡、宽度足够、幅度较高、后沿平缓。这是因为后关断脉冲前沿陡可缩短关断时间，而后沿坡度太陡则可能产生正向门极电流，使 GTO 导通。

GTO 门极驱动电路包括开通电路、关断电路和反偏电路。

【思考与练习】

1-1　晶闸管导通的条件是什么？导通后流过晶闸管的电流由什么决定？晶闸管的关断条件是什么？如何实现？晶闸管导通与阻断时其两端电压各为多少？

1-2　调试图 1-11 所示晶闸管电路，在断开负载 R_d 测量输出电压 U_d 是否可调时，发现电压表读数不正常，接上 R_d 后一切正常，请分析原因。

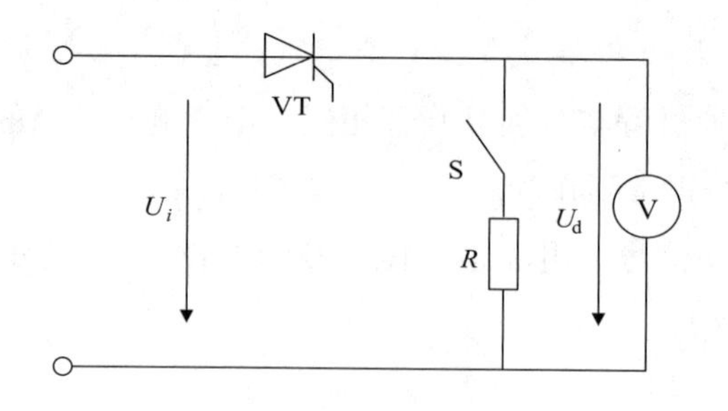

图 1-11　习题 1-2 图

1-3　画出图 1-12 所示电路电阻 R_d 上的电压波形。

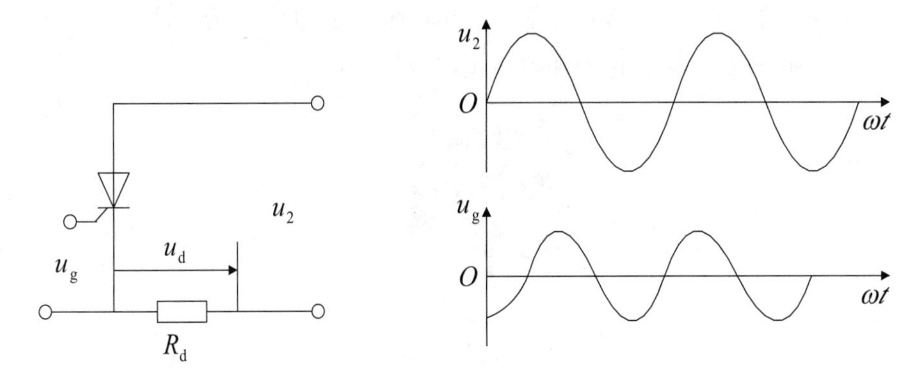

图 1–12　习题 1–3 图

1–4 说明晶闸管型号 KP100–8E 代表的意义。

1–5 晶闸管的额定电流和其他电气设备的额定电流有什么不同?

1–6 型号为 KP100–3、维持电流 I_H=3 mA 的晶闸管，使用在图 1–13 所示的三个电路中是否合理? 为什么（不考虑电压、电流裕量）?

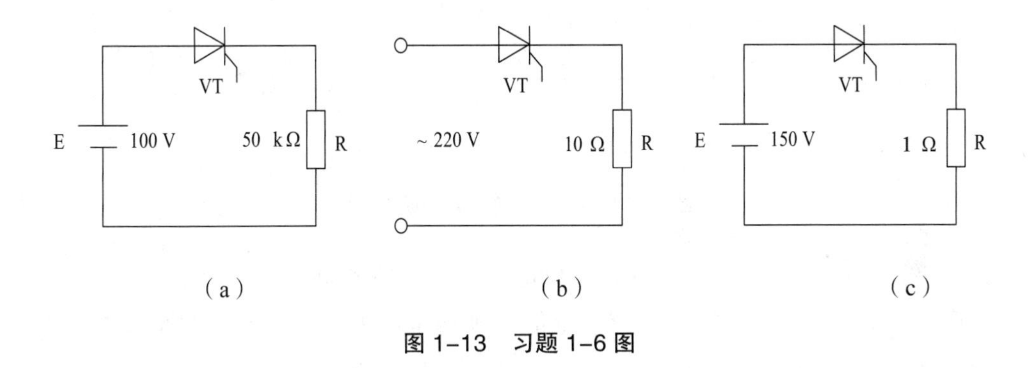

图 1–13　习题 1–6 图

1–7 某晶闸管元件测得 U_{DRM} = 840 V，U_{RRM} = 980 V，试确定此晶闸管的额定电压是多少?

1–8 有些晶闸管触发导通后，触发脉冲结束时又关断是什么原因?

课题二　电瓶充电机

【课题描述】

随着人们生活水平的不断提高，电瓶作为一种环保型动力源，逐渐进入平常百姓家，且其种类也多种多样，可供人们随需选择。图 1–14（a）为常见的电瓶充电机，图 1-14（b）为电路原理图，该电瓶充电机电路使用元件较少，线路简单，具有过充电保护、短路保护和电瓶短接保护。

（a）电瓶充电机

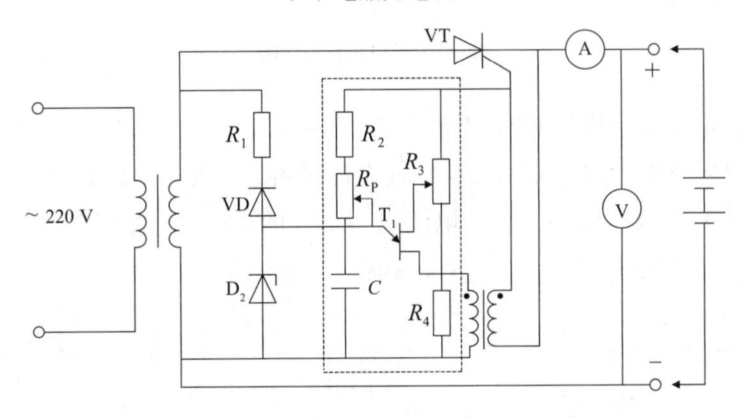

（b）电瓶充电机原理图

图 1-14　电瓶充电机及其原理图

如图 1-14（b）所示，电瓶充电机电路由主电路和触发电路两部分构成，通过对主电路及触发电路的分析，学生能够理解电路的工作原理，进而掌握分析电路的方法。下面具体分析与该电路有关的知识：晶闸管、单相半波可控整流电路、单结晶体管触发电路等内容。

【学习目标】

- 分析单相半波整流电路的工作原理。
- 掌握单结晶体管触发电路调试方法。
- 分析电瓶充电机电路的工作原理。

【相关知识】

一、单相半波可控整流电路

（一）电阻性负载

单相半波可控整流调光灯主电路实际上就是负载为阻性的单相半波可控整流电路，对电路的输出波形 u_d 和晶闸管两端电压 u_T 波形的分析在调试及修理过程中是非常重要的。我们的分析是在假设主电路和触发电路均正常工作的前提条件下进行的。

图 1-15 为单相半波可控整流电路，整流变压器（调光灯电路可直接由电网供电，不采用整流变压器）起变换电压和隔离的作用，其一次和二次电压瞬时值分别用 u_1 和 u_2 表示，二次电压 u_2 为 50 Hz 正弦波，其有效值为 U_2。当接通电源后，便可在负载两端得到脉动的直流电压，其输出电压的波形可以用示波器进行测量。

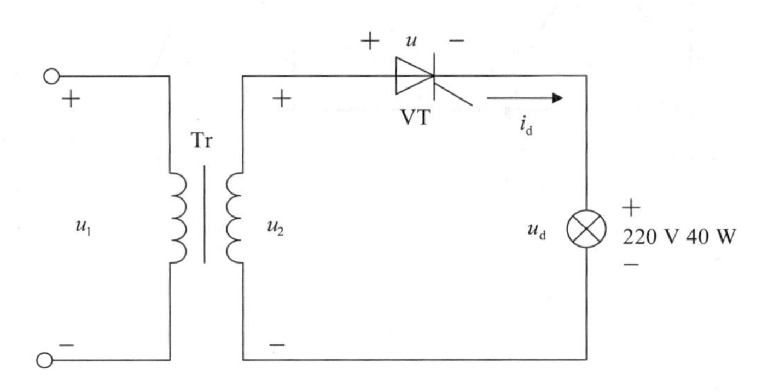

图 1-15　调光灯主电路（单相半波可控整流电路）

※ 几个概念的解释：

U_d 为脉动直流，波形只在 U_2 正半周内出现，故称“半波”整流。

采用可控器件晶闸管，且交流输入为单相，故该电路为单相半波可控整流电路。

U_d 波形在一个电源周期中只脉动 1 次，故该电路为单脉波整流电路。

1. 工作原理

在分析电路工作原理之前，先介绍几个名词术语和概念。

控制角 α：控制角 α 也叫触发角或触发延迟角，是指晶闸管从承受正向电压开始到触发脉冲出现之间的电角度。

导通角 θ：是指晶闸管在一周期内处于导通的电角度。

移相：移相是指改变触发脉冲出现的时刻，即改变控制角 α 的大小。

移相范围：移相范围是指一个周期内触发脉冲的移动范围，它决定了输出电压的变化范围。

（1）以 $\alpha=30°$ 时的波形为例对比理论波形和实测波形。

（2）进行 $\alpha=30°$ 时的波形分析。

改变晶闸管的触发时刻（即控制角 α 的大小），即可改变输出电压的波形，图 1-16（a）为 $\alpha=30°$ 的输出电压的理论波形。在 $\alpha=30°$ 时，晶闸管承受正向电压，此时加入触发脉冲晶闸管导通，负载上得到输出电压 u_d 的波形是与电源电压 u_2 相同形状的波形；同样当电源电压 u_2 过零时，晶闸管也同时关断，负载上得到的输出电压 u_d 为零；在电源电压过零点到 $\alpha=30°$ 之间的区间上，虽然晶闸管已经承受正向电压，但由于没有触发脉冲，晶闸管依然处于截止状态。

图 1-16（b）为 $\alpha=30°$ 时晶闸管两端的理论波形图。其原理与 $\alpha=0°$ 相同。

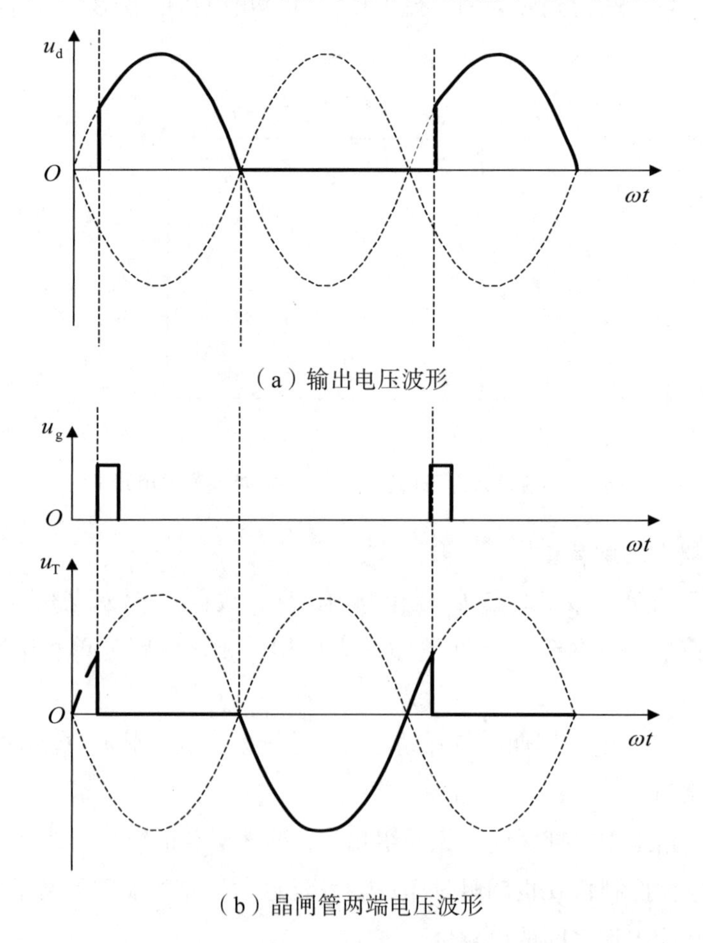

（a）输出电压波形

（b）晶闸管两端电压波形

图 1-16　$\alpha=30°$ 时输出电压和晶闸管两端电压的理论波形

图 1-16 所示为 $\alpha = 30°$ 时实际电路中用示波器测得的输出电压和晶闸管两端电压波形，可与理论波形对照进行比较。

将示波器探头的测试端和接地端接于白炽灯两端，调节旋钮“t / div”和“v / div”，使示波器稳定显示至少一个周期的完整波形，并且使每个周期的宽度在示波器上显示为六个方格（即每个方格对应的电角度为 60°），调节电路，使示波器显示的输出电压的波形对应于控制角 α 的角度为 30°，如图 1-17（a）所示，可与理论波形对照进行比较。

将 Y_1 探头接于晶闸管两端，测试晶闸管在控制角 α 的角度为 30° 时两端电压的波形，如图 1-17（b）所示，可与理论波形对照进行比较。

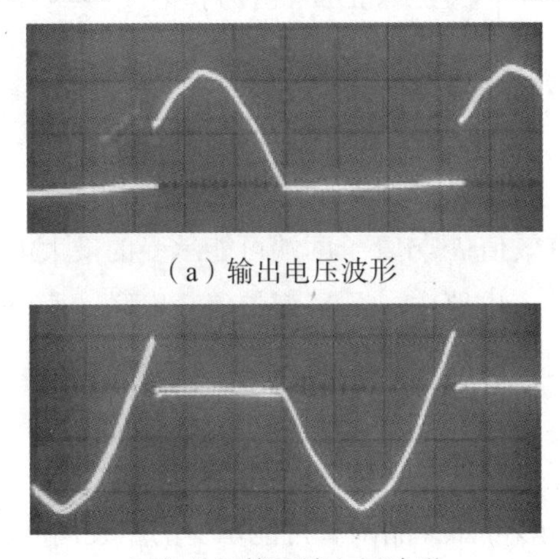

（a）输出电压波形

（b）晶闸管两端电压波形

图 1-17　$\alpha = 30°$ 时输出电压和晶闸管两端电压的实测波形

由以上的分析和测试可以得出以下结论：

第一，在单相整流电路中，$\theta = \pi - \alpha$。

第二，在单相半波整流电路中，改变 α 大小即改变触发脉冲在每周期内出现的时刻，则 u_d 和 i_d 的波形也随之改变，但是直流输出电压瞬时值 u_d 的极性不变，其波形只在 u_2 的正半周出现，这种通过对触发脉冲的控制来实现控制直流输出电压大小的控制方式称为相位控制方式，简称相控方式。

第三，理论上移相范围为 0° ～ 180°。

2. 基本的物理量计算

（1）输出电压平均值与平均电流的计算

$$U_d = \frac{1}{2\pi}\int_{\alpha}^{\pi} \sqrt{2}U_2 \sin \omega t \mathrm{d}(\omega t) = 0.45U_2 \frac{1+\cos\alpha}{2} \tag{1-5}$$

$$I_d=\frac{U_d}{R_d}=0.45\frac{U_2}{R_d}\frac{1+\cos\alpha}{2} \tag{1-6}$$

可见，输出直流电压平均值 U_d 与整流变压器二次侧交流电压 U_2 和控制角 α 有关。当 U_2 给定后，U_d 仅与 α 有关，当 $\alpha=0°$ 时，则 $U_d=0.45U_2$，为最大输出直流平均电压；当 $\alpha=\pi$ 时，$U_d=0$。只要控制触发脉冲送出的时刻，U_d 就可以在 0 ～ $0.45U_2$ 之间连续可调。

（2）负载上电压有效值与电流有效值的计算

根据有效值的定义，U 应是 u_d 波形的均方根值，即

$$U=\frac{1}{2\pi}\int_{\alpha}^{\pi}\left(\sqrt{2}U_2\sin\omega t\right)^2\mathrm{d}\left(\omega t\right)=U_2\sqrt{\frac{\pi-\alpha}{2\pi}+\frac{\sin 2\alpha}{4\pi}} \tag{1-7}$$

负载电流有效值的计算：

$$I=\frac{U_2}{R_d}\sqrt{\frac{\pi-\alpha}{2\pi}+\frac{\sin 2\alpha}{4\pi}} \tag{1-8}$$

（3）晶闸管电流有效值 I_T 与管子两端可能承受的最大电压

在单相半波可控整流电路中，晶闸管与负载串联，所以负载电流的有效值也就是流过晶闸管电流的有效值，其关系为：

$$I=\frac{U_2}{R_d}\sqrt{\frac{\pi-\alpha}{2\pi}+\frac{\sin 2\alpha}{4\pi}} \tag{1-9}$$

由图 1-16 中 u_T 波形可知，晶闸管可能承受的正反向峰值电压为

$$U_{TM}=\sqrt{2}U_2 \tag{1-10}$$

（4）功率因数 $\cos\varphi$

$$\cos\varphi=\frac{P}{S}=\frac{UI}{U_2I}=\sqrt{\frac{\pi-\alpha}{2\pi}+\frac{\sin 2\alpha}{4\pi}} \tag{1-11}$$

例 1-2 单相半波可控整流电路，阻性负载，电源电压 U_2 为 220 V，要求的直流输出电压为 50 V，直流输出平均电流为 20 A，试计算：

① 晶闸管的控制角 α。

② 输出电流有效值。

③ 电路功率因数。

④ 晶闸管的额定电压和额定电流，并选择晶闸管的型号。

解：

① 由 $U_d=0.45U_2\frac{1+\cos\alpha}{2}$ 计算输出电压为 50 V 时的晶闸管控制角 α

$$\cos\alpha=\frac{2\times 50}{0.45\times 220}-1\approx 0$$

求得 $\alpha = 90°$

② $R_d = \dfrac{U_d}{I_d} = \dfrac{50}{20} = 2.5\,\Omega$

当 $\alpha = 90°$ 时，$I = \dfrac{U_2}{R_d}\sqrt{\dfrac{\pi-\alpha}{2\pi} + \dfrac{\sin 2\alpha}{4\pi}} = 44.4\text{ A}$

③ $\cos\varphi = \dfrac{P}{S} = \dfrac{UI}{U_2 I} = \sqrt{\dfrac{\pi-\alpha}{2\pi} + \dfrac{\sin 2\alpha}{4\pi}} = 0.5$

④ 根据额定电流有效值 I_T 大于等于实际电流有效值 I 相等的原则 $I_T \geqslant I$，则 $I_{T(AV)} \geqslant (1.5\text{~}2) I_T/1.57$，取 2 倍安全裕量，晶闸管的额定电流为 $I_{T(AV)} \geqslant 42.4 \sim 56.6\text{ A}$。

按电流等级可取额定电流 50 A。

晶闸管的额定电压为：

$$U_{Tn} = (2\text{~}3)U_{TM} = (2\text{~}3)\sqrt{2} \times 220\text{ V} = 622\text{~}933\text{ V}$$

按电压等级可取额定电压 700 V 即 7 级。

选择晶闸管型号为：KP50-7。

（二）电感性负载

直流负载的感抗 ωL_d 和电阻 R_d 的大小相比不可忽略时，这种负载称电感性负载。属于此类负载的如工业上电机的励磁线圈、输出串接电抗器的负载等。电感性负载与电阻性负载时有很大不同。为了便于分析，在电路中把电感 L_d 与电阻 R_d 分开，如图 1-18 所示。

我们知道，电感线圈是储能元件，当电流 i_d 流过线圈时，该线圈就储存有磁场能量，i_d 愈大，线圈储存的磁场能量也愈大；当 i_d 减小时，电感线圈就要将所储存的磁场能量释放出来，试图维持原有的电流方向和电流大小。电感本身是不消耗能量的。众所周知，能量的存放是不能突变的，可见当流过电感线圈的电流增大时，L_d 两端就要产生感应电动势，即 $U_L = L_d\,\mathrm{d}i_d/\mathrm{d}t$，其方向应阻止 i_d 的增大，如图 1-18（a）所示；反之，i_d 要减小时，L_d 两端感应的电动势方向应阻碍的 i_d 减小，如图 1-18（b）所示。

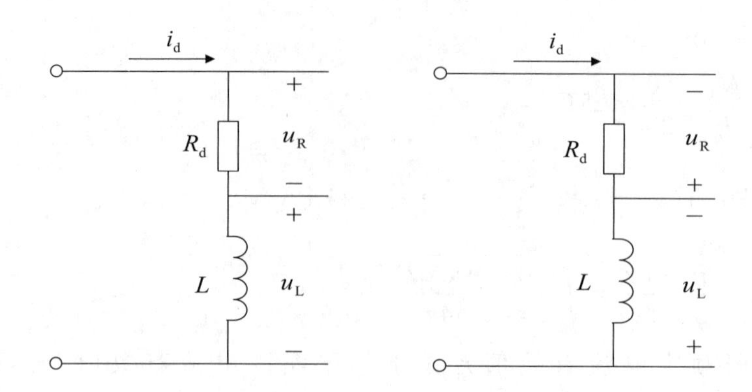

（a）电流 i_d 增大时 L_d 两端感应电动势方向（b）电流 i_d 减小时 L_d 两端感应电动势方向

图 1-18 电感线圈对电流变化的阻碍作用

1. 无续流二极管时

图 1-19 为电感性负载无续流二极管某一控制角 α 时输出电压、电流和晶闸管两端电压的理论波形。

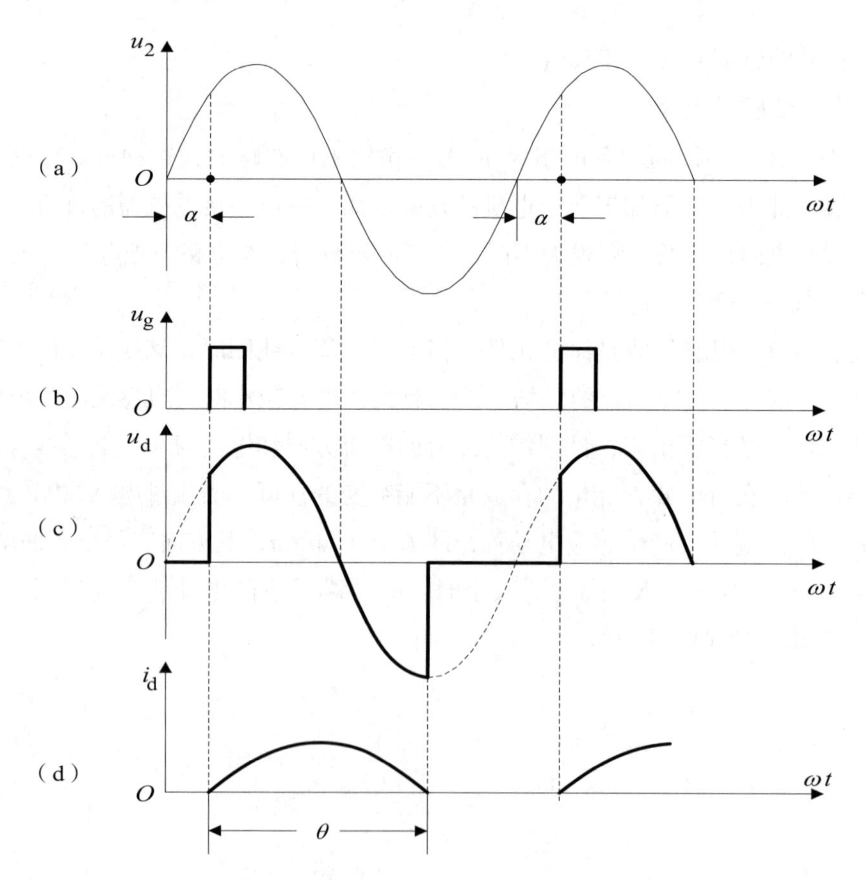

图 1-19 单相半波电感性负载时输出电压及电流波形

（1）在 0 ～ α 期间：晶闸管阳极电压大于零，此时晶闸管门极没有触发信号，晶闸管处于正向阻断状态，输出电压和电流都等于零。

（2）在 α 时刻：门极加上触发信号，晶闸管被触发导通，电源电压 u_2 施加在负载上，输出电压 $u_d = u_2$。由于电感的存在，在 u_d 的作用下，负载电流 i_d 只能从零按指数规律逐渐上升。

（3）在 π 时刻：交流电压过零，由于电感的存在，流过晶闸管的阳极电流仍大于零，晶闸管会继续导通，此时电感储存的能量一部分释放变成电阻的热能，同时另一部分送回电网，电感的能量全部释放完后，晶闸管在电源电压 u_2 的反压作用下而截止。直到下一个周期的正半周，即 $2\pi+\alpha$ 时刻，晶闸管再次被触发导通，并以此循环。

结论：由于电感的存在，晶闸管的导通角增大，在电源电压由正到负的过零点也不会关断，使负载电压波形出现部分负值，其结果使输出电压平均值 U_d 减小。电感越大，维持导电时间越长，输出电压负值部分占的比例越大，U_d 减少越多。当电感 L_d 非常大时（满足 $\omega L_d >> R_d$，通常 $\omega L_d > 10R_d$ 即可），对于不同的控制角α，导通角θ将接近 $2\pi-2\alpha$，这时负载上得到的电压波形正负面积接近相等，平均电压 $U_d \approx 0$。可见，不管如何调节控制角α，U_d 值总是很小，电流平均值 I_d 也很小，没有实用价值。

实际的单相半波可控整流电路在带有电感性负载时，都在负载两端并联有续流二极管。

2. 接续流二极管时

（1）电路结构

为了使电源电压过零变负时能及时地关断晶闸管，使 u_d 波形不出现负值，又能给电感线圈 L_d 提供续流的旁路，可以在整流输出端并联二极管，如图 1-20 所示。

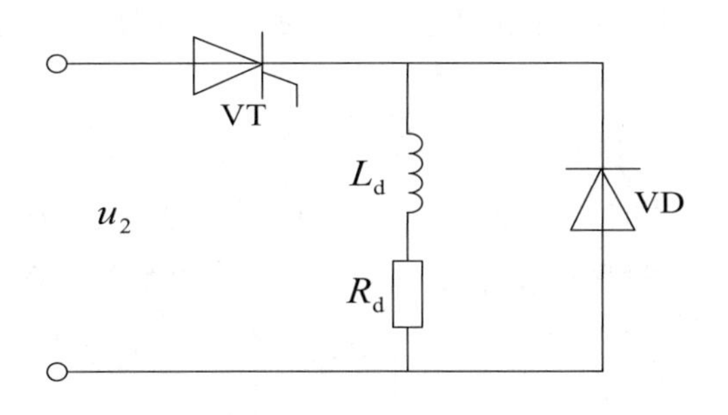

图 1-20　电感性负载接续流二极管时的电路

（2）工作原理

图 1-21 为电感性负载接续流二极管某一控制角 α 时输出电压、电流的理论波形。

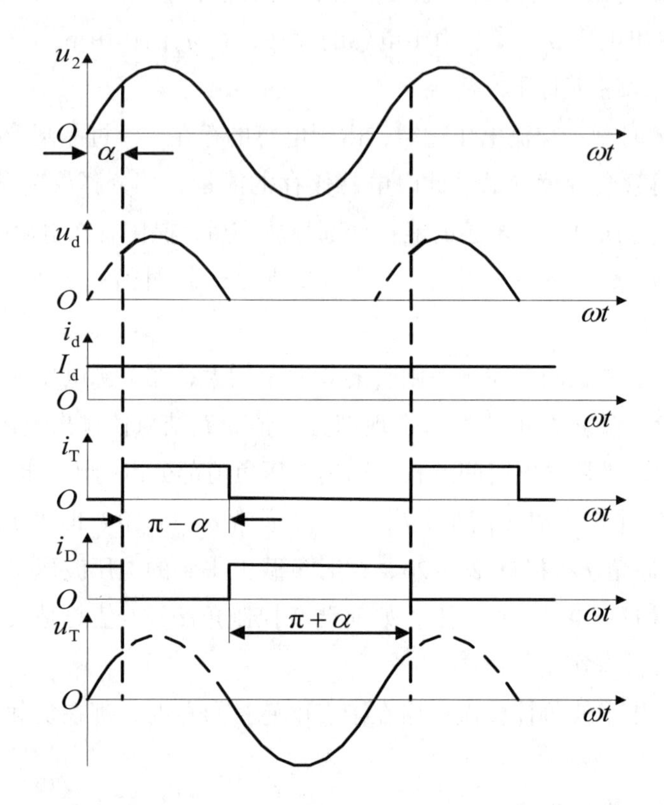

图 1-21　电感性负载接续流二极管时输出电压及电流波形

从波形图上可以看出：

① 在电源电压正半周（0～π区间），晶闸管承受正向电压，触发脉冲在 α 时刻触发晶闸管导通，负载上有输出电压和电流。在此期间续流二极管 VD 承受反向电压而关断。

② 在电源电压负半波（π~2π区间），电感的感应电压使续流二极管 VD 承受正向电压导通续流，此时电源电压 $u_2 < 0$，u_2 通过续流二极管使晶闸管承受反向电压而关断，负载π两端的输出电压仅为续流二极管的管压降。如果电感足够大，续流二极管一直导通到下一周期晶闸管导通，使电流 i_d 连续，且 i_d 波形近似为一条直线。

结论：

电阻负载加续流二极管后，输出电压波形与电阻性负载波形相同，可见续流二极管的作用是提高输出电压。负载电流波形连续且近似为一条直线，如果电感无穷大，则负载电流为一直线。流过晶闸管和续流二极管的电流波形是矩形波。

（3）基本的物理量计算

① 输出电压平均值 U_d 与输出电流平均值 I_d

$$U_d = 0.45U_2 \frac{1+\cos\alpha}{2} \tag{1-12}$$

$$I_d = \frac{U_d}{R_d} = 0.45\frac{U_2}{R_d}\frac{1+\cos\alpha}{2} \tag{1-13}$$

② 流过晶闸管电流的平均值 I_{dT} 和有效值 I_T

$$I_{dT} = \frac{\pi-\alpha}{2\pi}I_d \tag{1-14}$$

$$I_T = \sqrt{\frac{1}{2\pi}\int_\alpha^\pi I_d^2 d(\omega t)} = \sqrt{\frac{\pi-\alpha}{2\pi}}I_d \tag{1-15}$$

③ 流过续流二极管电流的平均值 I_{dD} 和有效值 I_D

$$I_{dD} = \frac{\pi+\alpha}{2\pi}I_d \tag{1-16}$$

$$I_D = \sqrt{\frac{\pi+\alpha}{2\pi}}I_d \tag{1-17}$$

④ 晶闸管和续流二极管承受的最大正反向电压

晶闸管和续流二极管承受的最大正反向电压都为电源电压的峰值，即：

$$U_{TM} = U_{DM} = \sqrt{2}U_2 \tag{1-18}$$

二、单结晶体管触发电路

我们已经知道，要使晶闸管导通，除了加上正向阳极电压，还必须在门极和阴极之间加上适当的正向触发电压与电流。为门极提供触发电压与电流的电路称为触发电路。对晶闸管触发电路来说，首先，触发信号应该具有足够的触发功率（触发电压和触发电流），以保证晶闸管可靠导通；其次，触发脉冲应有一定的宽度，脉冲的前沿要陡峭；最后，触发脉冲必须与主电路晶闸管的阳极电压同步并能根据电路要求在一定的移相范围内移相。

图 1-22 为单相半波可控整流电瓶充电机电路的触发电路，其方式采用单结晶体管同步触发电路，其中单结晶体管的型号为 BT33。

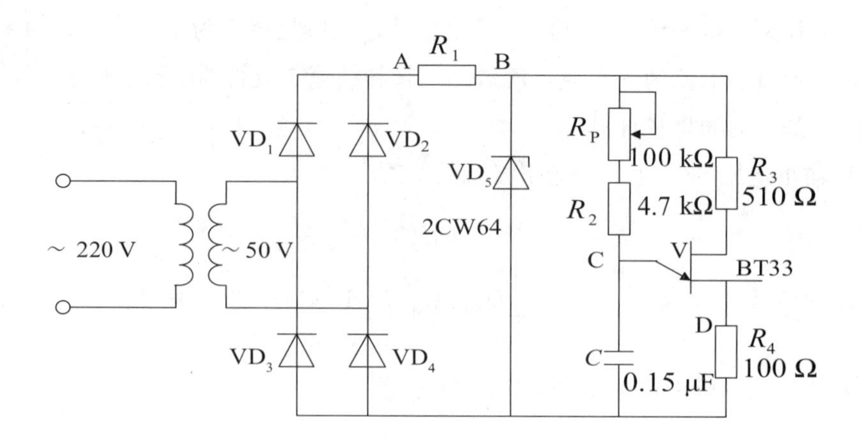

图 1-22　单结晶体管触发电路

（一）单结晶体管的结构

单结晶体管的原理结构如图 1-23（a）所示，图中 e 为发射极，b_1 为第一基极，b_2 为第二基极。由图可见，在一块高电阻率的 N 型硅片上引出两个基极 b_1 和 b_2，两个基极之间的电阻就是硅片本身的电阻，一般为 2 ～ 12 kΩ。在两个基极之间靠近 b_1 的地方用合金法或扩散法掺入 P 型杂质并引出电极，成为发射极 e。它是一种特殊的半导体器件，有三个电极，只有一个 PN 结，因此称为“单结晶体管”，又因为管子有两个基极，所以又称为“双极二极管”。

单结晶体管的等效电路如图 1-23（b）所示，两个基极之间的电阻 $r_{bb}=r_{b_1}+r_{b_2}$，在正常工作时，r_{b_1} 是随发射极电流大小而变化，相当于一个可变电阻。PN 结可等效为二极管 VD，它的正向导通压降常为 0.7 V。单结晶体管的图形符号如图 1-23（c）所示。触发电路常用的国产单结晶体管的型号主要有 BT31、BT33、BT35，其外形与管脚排列如图 1-23（d）所示。其实物、管脚如图 1-24 所示。

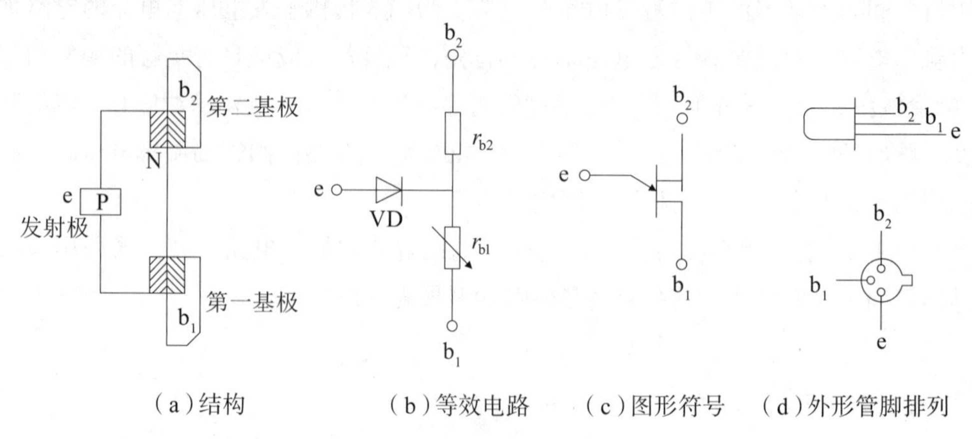

（a）结构　（b）等效电路　（c）图形符号　（d）外形管脚排列

图 1-23　单结晶体管

图 1-24　单结晶体管实物及管脚

（二）单结晶体管张弛振荡电路

利用单结晶体管的负阻特性和电容的充放电，可以组成单结晶体管张弛振荡电路。单结晶体管张弛振荡电路的电路图和波形如图 1-25 所示。

设电容器初始没有电压，电路接通以后，单结晶体管是截止的，电源经电阻 R、R_P 对电容 C 进行充电，电容电压从零起按指数充电规律上升，充电时间常数为 R_EC；当电容两端电压达到单结晶体管的峰点电压 U_P 时，单结晶体管导通，电容开始放电，由于放电回路的电阻很小，因此放电很快，放电电流在电阻 R_4 上产生了尖脉冲。随着电容放电，电容电压降低，当电容电压降到谷点电压 U_V 以下，单结晶体管截止，然后电源又重新对电容进行充电，如此周而复始，在电容 C 两端会产生一个锯齿波，在电阻 R_4 两端将产生一个尖脉冲波。如图 1-25（b）所示。

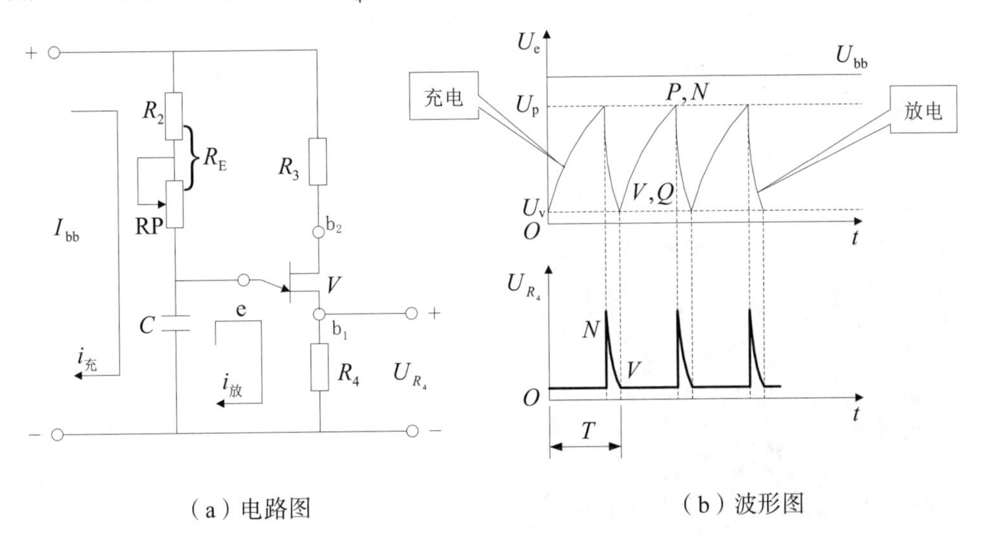

（a）电路图　　　　（b）波形图

图 1-25　单结晶体管张弛振荡电路电路图和波形图

（三）单结晶体管触发电路

上述单结晶体管张弛振荡电路输出的尖脉冲可以用来触发晶闸管，但不能直接用作触发电路，还必须解决触发脉冲与主电路的同步问题。

图 1-22 所示的单结晶体管触发电路是由同步电路和脉冲移相与形成两部分组成的。

1. 同步电路

（1）什么是同步

触发信号和电源电压在频率和相位上相互协调的关系叫作同步。例如，在单相半波可控整流电路中，触发脉冲应出现在电源电压正半周范围内，而且每个周期的 α 角相同，确保电路输出波形不变，输出电压稳定。

（2）同步电路组成

同步电路由同步变压器、桥式整流电路 $VD_1 \sim VD_4$、电阻 R_1 及稳压管组成。同步变压器一次侧与晶闸管整流电路接在同一相电源上，交流电压经同步变压器降压、单相桥式整流后再经过稳压管稳压削波形成一梯形波电压，作为触发电路的供电电压。梯形波电压零点与晶闸管阳极电压过零点一致，从而实现触发电路与整流主电路的同步。

（3）波形分析

单结晶体管触发电路的调试以及在今后的使用过程中的检修，主要是通过几个点的典型波形来判断该元器件是否正常，我们将通过理论波形与实测波形的比较来进行分析。

① 桥式整流后脉动电压的波形（图 1-22 中“A”点）

将 Y_1 探头的测试端接于“A”点，接地端接于“E”点，调节旋钮“t/div”和“v/div”，使示波器稳定显示至少一个周期的完整波形，测得波形如图 1-26（a）所示。由图可知“A”点为四个二极管 $VD_1 \sim VD_4$ 构成的桥式整流电路输出波形，图 1-26（b）为理论波形，对照进行比较。

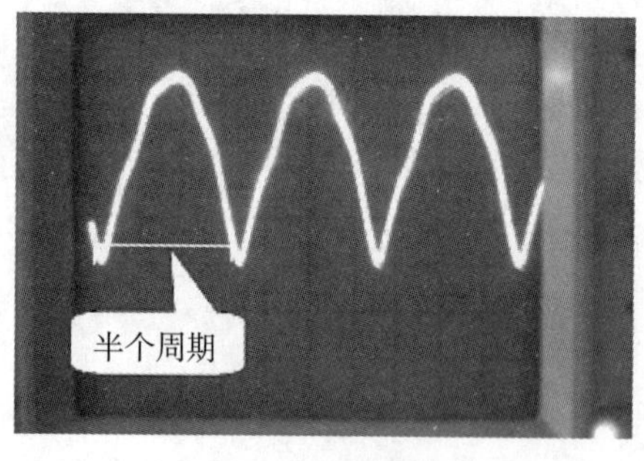

（a）实测波形

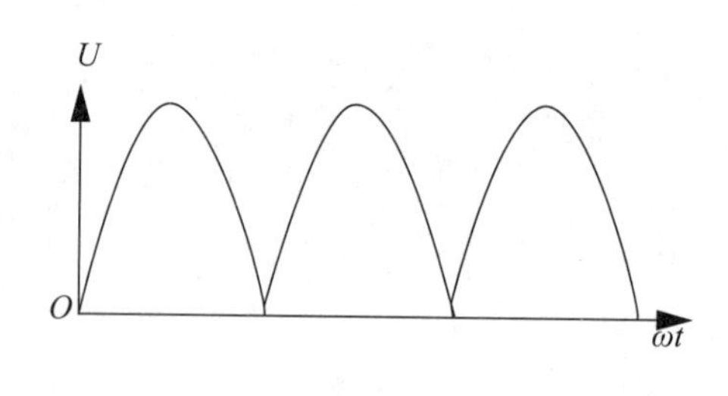

（b）理论波形

图 1-26　桥式整流后电压波形

② 削波后梯形波电压波形（图 1-22 中“B”点）

将 Y_1 探头的测试端接于“B”点，测得 B 点的波形如图 1-27（a）所示，该点波形是稳压管削波后得到的梯形波，图 1-27（b）为理论波形，对照进行比较。

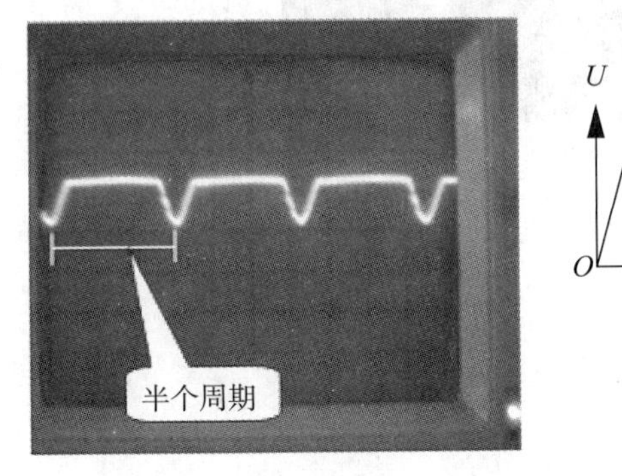

（a）实测波形

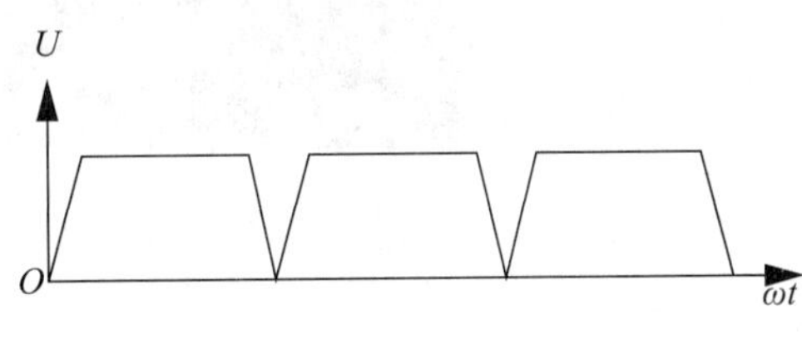

（b）理论波形

图 1-27　削波后电压波形

2. 脉冲移相与形成

（1）电路组成

脉冲移相与形成电路实际上就是上述的张弛振荡电路（图 1-25）。脉冲移相由电阻 R_E 和电容 C 组成，脉冲形成由单结晶体管、温补电阻 R_3、输出电阻 R_4 组成。

改变张弛振荡电路中电容 C 的充电电阻的阻值，就可以改变充电的时间常数。

（2）波形分析

① 电容电压的波形

将 Y_1 探头的测试端接于“C”点（图 1-22），测得 C 点的波形如图 1-28（a）所示。由于电容每半个周期在电源电压过零点从零开始充电，当电容两端的电压上升到单结晶体管峰点电压时，单结晶体管导通，触发电路送出脉冲，电容的容量和充电电阻 R_E 的大小决定了电容两端的电压从零上升到单结晶体管峰点电压的时间，因此在本课题中的触发电路无法实现在电源电压过零点即 $\alpha = 0°$ 时送出触发脉冲。图 1-28（b）为理论波形，对照进行比较。

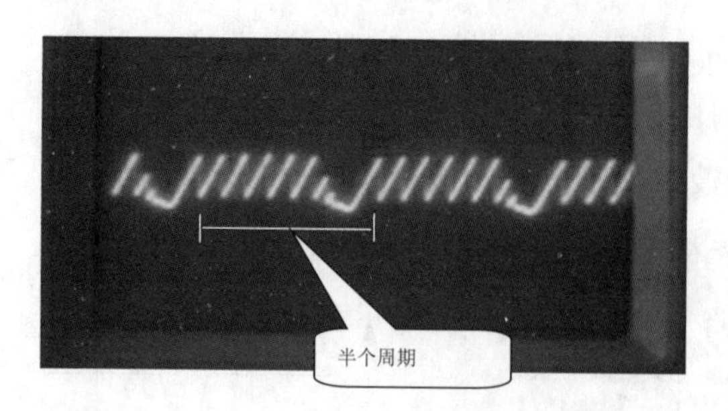

（a）实测波形

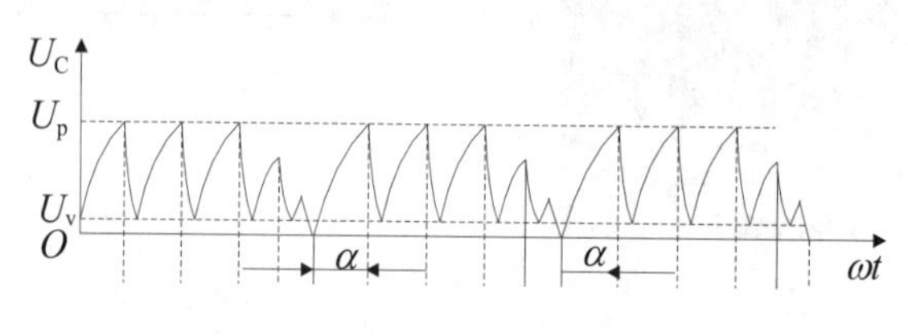

（b）理论波形

图 1-28　电容两端电压波形

调节电位器 RP 的旋钮，观察 C 点的波形的变化范围。图 1-29 为调节电位器后得到的波形。

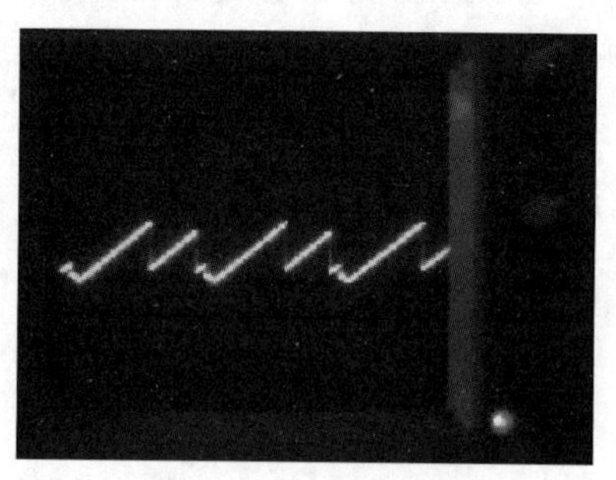

图 1-29　调节 RP 后电容两端电压波形

② 输出脉冲的波形

将 Y_1 探头的测试端接于“D”点，测得 D 点的波形如图 1-30（a）所示。单结晶体管导通后，电容通过单结晶体管的 eb_1 迅速向输出电阻 R_4 放电，在 R_4 上得到很窄的尖脉冲。图 1-30（b）为理论波形，对照进行比较。

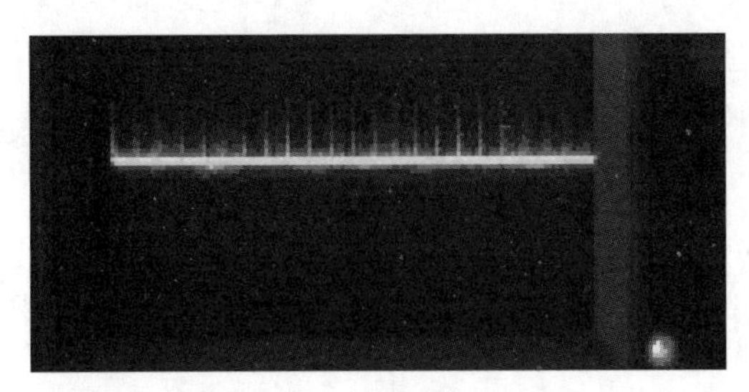

（a）实测波形

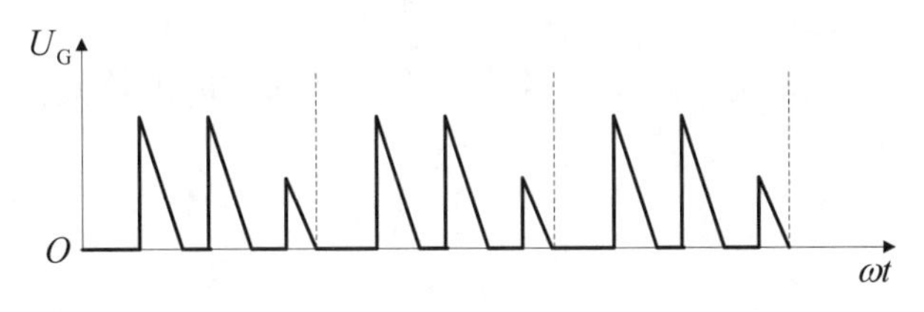

（b）理论波形

图 1–30　输出波形

调节电位器 RP 的旋钮，观察 D 点的波形的变化范围。图 1–31 为调节电位器后得到的波形。

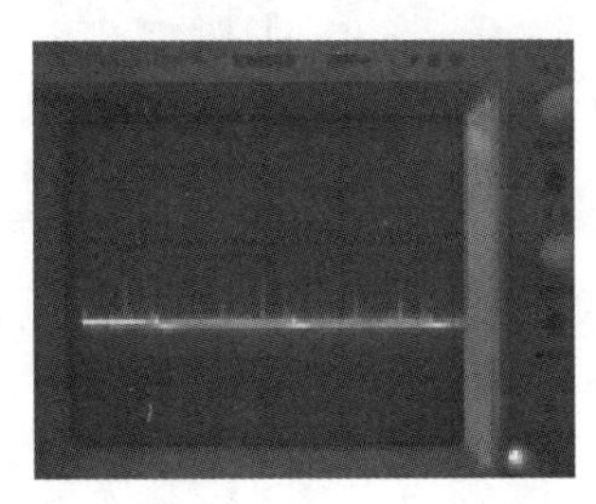

图 1–31　调节 RP 后输出波形

3. 触发电路各元件的选择

（1）充电电阻 R_E 的选择

改变充电电阻 R_E 的大小，就可以改变张弛振荡电路的频率，但是频率的调节有一定的范围，如果充电电阻 R_E 选择不当，将使单结晶体管自激振荡电路无法形成振荡。

充电电阻 R_E 的取值范围为：

$$\frac{U-U_V}{I_V}<R_E<\frac{U-U_P}{I_P} \tag{1-19}$$

式中：U 为加于图 1–21 中 B–E 两端的触发电路电源电压；U_V 为单结晶体管的谷点电压；I_V 为单结晶体管的谷点电流；U_P 为单结晶体管的峰点电压；I_P 为单结晶体管的峰点电流。

（2）电阻 R_3 的选择

电阻 R_3 是用来补偿温度对峰点电压 U_P 的影响，通常取值范围为：200 ～ 600 Ω。

（3）输出电阻 R_4 的选择

输出电阻 R_4 的大小将影响输出脉冲的宽度与幅值，通常取值范围为 50 ～ 100 Ω。

（4）电容 C 的选择

电容 C 的大小与脉冲宽窄和 R_E 的大小有关，通常取值范围为 0.1 ～ 1 μF。

【项目训练】

一、设计绘制电路原理图

电瓶充电机原理图如图 1-14 所示。

二、项目训练设备

电瓶充电机电路的底板	1 块
电瓶充电机电路元件	1 套
万用表	1 块
示波器	1 台
烙铁	1 只

三、训练内容与步骤

（一）电瓶充电机电路的安装

（1）元件布置图和布线图。根据图 1-14 所示电路画出元件布置图和布线图。

（2）元器件选择与测试。根据图 1-14 所示电路图选择元器件并进行测量，重点对晶闸管元件的性能、管脚进行测试和区分。

（3）焊接前准备工作。将元器件按布置图在电路底板焊接位置上做引线成形。弯脚时，切忌从元件根部直接弯曲，应将根部留有 5 ～ 10 mm 长度以免断裂。引线端在去除氧化层后涂上助焊剂，上锡备用。

（4）元器件焊接安装。根据电路布置图和布线图将元器件进行焊接安装。焊接应无虚焊、错焊、漏焊，焊点应圆滑无毛刺。焊接时应重点注意晶闸管元件的管脚。

（二）电瓶充电机的调试

（1）通电前的检查。对已焊接安装完毕的电路，根据图 1-14 所示电路进行详细检查。重点检查元件的管脚是否正确。输入、输出端有无短路现象。

（2）通电调试。电瓶充电机电路分主电路和触发电路两大部分，因而通电调试亦分成两个步骤：先调试触发电路，再将主电路和触发电路联结，进行整体综合调试。

（三）电瓶充电机故障分析及处理

电瓶充电机在安装、调试及运行中，由元器件及焊接等原因产生故障，可根据故障现象，用万用表、示波器等仪器进行检查测量并根据电路原理进行分析，找出故障原因并进行处理。

四、训练注意事项

（1）注意元件布置合理。

（2）焊接应无虚焊、错焊、漏焊，焊点应圆滑无毛刺。

（3）焊接时应重点注意双向晶闸管的管脚。

五、项目报告

（1）阐述电瓶充电机电路的工作原理和调试方法。

（2）讨论并分析项目训练中出现的现象和故障。

（3）写出本项目训练的心得与体会。

【思考与练习】

1-9 名词解释：

控制角（移相角） 导通角 移相 移相范围

1-10 某电阻性负载要求 0 ～ 24 V 直流电压，最大负载电流 I_d = 30 A，如用 220 V 交流直接供电与用变压器降压到 60 V 供电，都采用单相半波整流电路，是否都能满足要求？试比较两种供电方案所选晶闸管的导通角、额定电压、额定电流值以及电源和变压器二次侧的功率因数和对电源的容量的要求有何不同，判断两种方案哪种更合理（考虑 2 倍裕量）。

1-11 有一单相半波可控整流电路，带电阻性负载 R_d= 10 Ω，交流电源直接从 220 V 电网获得，试求：

（1）输出电压平均值 U_d 的调节范围。

（2）计算晶闸管电压与电流并选择晶闸管。

1-12 图1-32是中小型发电机采用的单相半波晶闸管自激励磁电路，L为励磁电感，发电机满载时相电压为220 V，要求励磁电压为40 V，励磁绕组内阻为2 Ω，电感为0.1 H，试求满足励磁要求时，晶闸管的导通角及流过晶闸管与续流二极管的电流平均值和有效值。

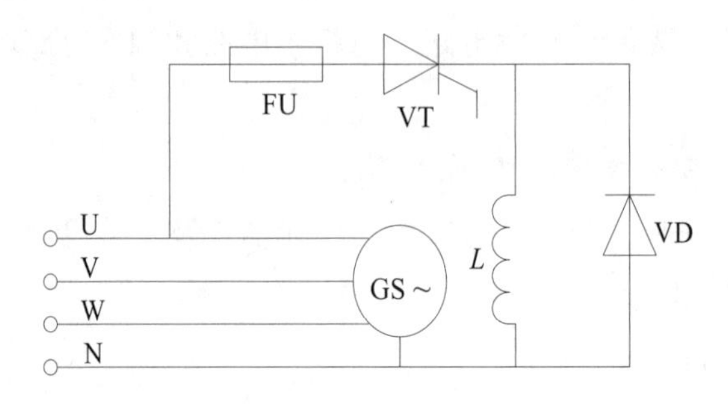

图1-32　习题1-12图

1-13 画出单相半波可控整流电路，当$\alpha = 60°$时，以下三种情况的u_d、i_T及u_T的波形：

（1）电阻性负载。

（2）大电感负载不接续流二极管。

（3）大电感负载接续流二极管。

1-14 单相半波整流电路，如门极不加触发脉冲，晶闸管内部短路，晶闸管内部断开，试分析上述三种情况下晶闸管两端电压和负载两端电压波形。

1-15 单结晶体管触发电路中，削波稳压管两端并接一只大电容，可控整流电路能工作吗？为什么？

1-16 单结晶体管张弛振荡电路是根据单结晶体管的什么特性组成工作的？振荡频率的高低与什么因素有关？

1-17 用分压比为0.6的单结晶体管组成振荡电路，若$U_{bb} = 20$ V，则峰点电压U_P为多少？如果管子的b_1脚虚焊，电容两端的电压为多少？如果是b_2脚虚焊（b_1脚正常），电容两端电压又为多少？

课题三　晶闸管直流调速装置

【课题描述】

晶闸管直流调速装置结构上采用性能可靠的集成电路，全部元件进行老化筛选，在线路上利用负电流反馈和失磁保护环节，提高了输出稳定性和装置的自保性能。与电阻负载换挡调速器相比较，它具有省电、体积小、负载适应性强、操作简单等优点。晶闸管直流调速装置在电气传动领域中的应用非常广泛，与直流电动机配套使用，能实现直流电动机的无级调速，与电加热器配合能实现电加热温度的无级控制。系统方框图，如图 1-33 所示：

（a）

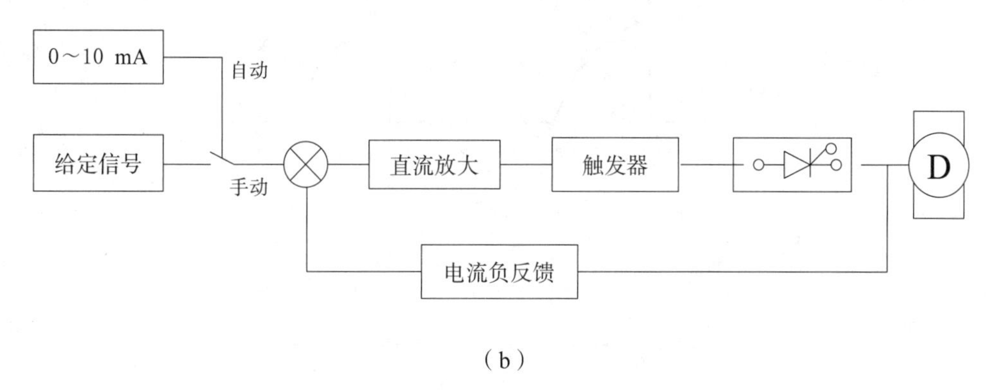

（b）

图 1-33　晶闸管直流调速装置系统方框图

本装置主要电路采用单相桥式半控整流线路，并具有适用于感性负载的续流二极管。

【学习目标】

- 掌握单向桥式可控整流电路的工作原理。
- 分析晶闸管直流调速装置的工作原理。

【相关知识】

一、单相桥式全控整流电路

（一）带电阻负载的工作情况

单相整流电路中应用较多的带电阻负载的工作情况工作原理及波形分析如图1-34所示：

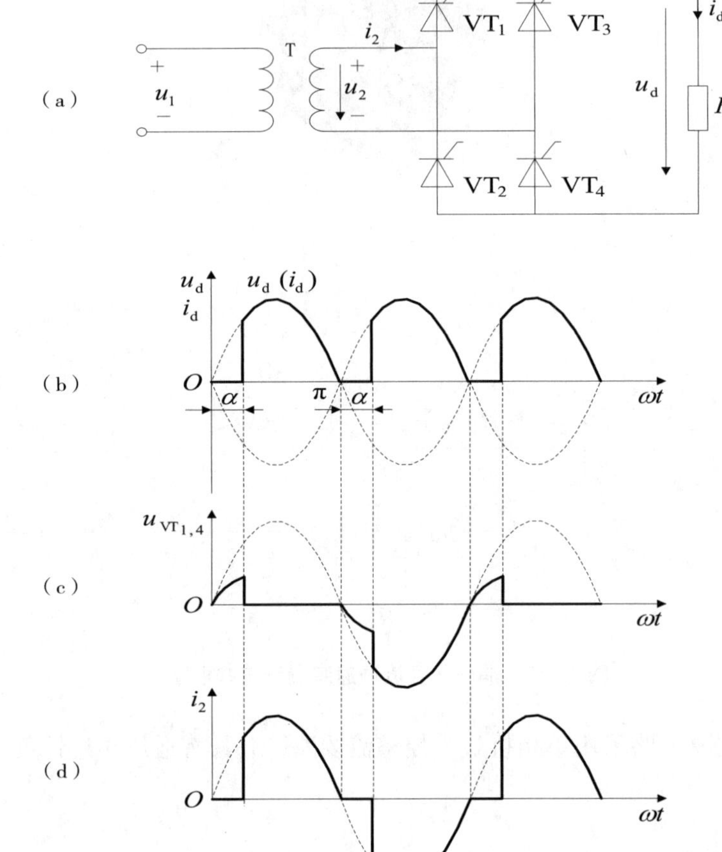

图 1-34　单相全控桥式带电阻负载时的电路及波形

VT_1 和 VT_4 组成一对桥臂，在 u_2 正半周承受电压 u_2，得到触发脉冲即导通，当 u_2 过零时关断。

VT_2 和 VT_3 组成另一对桥臂，在 u_2 正半周承受电压 $-u_2$，得到触发脉冲即导通，当 u_2 过零时关断。

数量关系：

$$U_{\mathrm{d}}=\frac{1}{\pi}\int_{\alpha}^{\pi}\sqrt{2}U_2\sin\omega t\mathrm{d}(\omega t)=\frac{2\sqrt{2}U_2}{\pi}\frac{1+\cos\alpha}{2}=0.9U_2\frac{1+\cos\alpha}{2} \tag{1-20}$$

α 角的移相范围为 0° ～ 180°。

$$I_{\mathrm{d}}=\frac{U_{\mathrm{d}}}{R}=\frac{2\sqrt{2}U_2}{\pi R}\frac{1+\cos\alpha}{2}=0.9\frac{U_2}{R}\frac{1+\cos\alpha}{2} \tag{1-21}$$

$$I_{\mathrm{dT}}=\frac{1}{2}I_{\mathrm{d}}=0.45\frac{U_2}{R}\frac{1+\cos\alpha}{2} \tag{1-22}$$

$$I=I_2=\sqrt{\frac{1}{\pi}\int_{\alpha}^{\pi}\left(\frac{\sqrt{2}U_2}{R}\sin\omega t\right)^2\mathrm{d}(\omega t)}=\frac{U_2}{R}\sqrt{\frac{1}{2\pi}\sin 2\alpha+\frac{\pi-\alpha}{\pi}} \tag{1-23}$$

$$I_{\mathrm{T}}=\sqrt{\frac{1}{2\pi}\int_{\alpha}^{\pi}\left(\frac{\sqrt{2}U_2}{R}\sin\omega t\right)^2\mathrm{d}(\omega t)}=\frac{U_2}{\sqrt{2}R}\sqrt{\frac{1}{2\pi}\sin 2\alpha+\frac{\pi-\alpha}{\pi}} \tag{1-24}$$

$$I_{\mathrm{T}}=\frac{1}{\sqrt{2}}I \tag{1-25}$$

不考虑变压器的损耗时，要求变压器的容量为 $S=U_2I_2$。

（二）带阻感负载的工作情况

带阻感负载时的电路及波形如图 1-34 所示。

为便于讨论，假设电路已工作于稳态，i_{d} 的平均值不变。

假设负载电感很大，负载电流 i_{d} 连续且波形近似为一水平线 u_2 过零变负时，由于电感的作用，晶闸管 VT_1 和 VT_4 中仍流过电流 i_{d}，并不关断。

至 $\omega t=\pi+\alpha$ 时刻，给 VT_2 和 VT_3 加触发脉冲，因 VT_2 和 VT_3 本已承受正电压，故两管导通。

VT_2 和 VT_3 导通后，u_2 通过 VT_2 和 VT_3 分别向 VT_1 和 VT_4 施加反压使 VT_1 和 VT_4 关断，流过 VT_1 和 VT_4 的电流迅速转移到 VT_2 和 VT_3 上，此过程称为换相，亦称换流。

$$U_{\mathrm{d}}=\frac{1}{\pi}\int_{\alpha}^{\pi+\alpha}\sqrt{2}U_2\sin\omega t\mathrm{d}(\omega t)=\frac{2\sqrt{2}}{\pi}U_2\cos\alpha=0.9U_2\cos\alpha \tag{1-26}$$

晶闸管移相范围为 0° ～ 90°。

晶闸管承受的最大正反向电压均为 $\sqrt{2}U_2$。

晶闸管导通角 θ 与 α 无关，均为 180°。

变压器二次侧电流 i_2 的波形为正负各 180° 的矩形波，如图 1-35 所示，其相位由 α 角决定，有效值 $I_2=I_{\mathrm{d}}$。

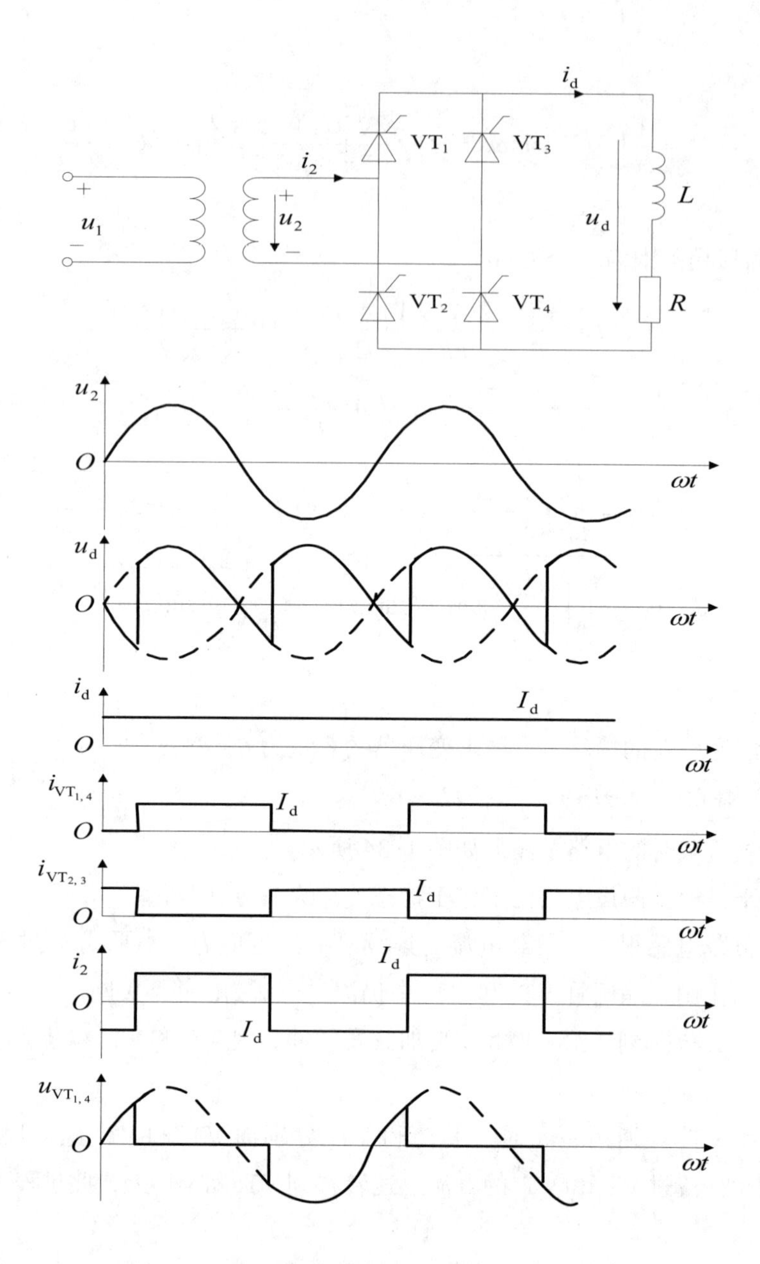

图 1–35 单相全控桥带阻感负载时的电路及波形

（三）带反电动势负载时的工作情况

在 $|u_2|>E$ 时，才有晶闸管承受正电压，有导通的可能，导通之后，$u_d = u_2$，直至 $|u_2| = E$，i_d 即降至 0 使得晶闸管关断，此后 $u_d = E$。与电阻负载时相比，晶闸管提前了电角度 δ 停止导电，δ 称为停止导电角。

$$\delta = \arcsin\frac{E}{\sqrt{2}u_2} \tag{1-27}$$

在 α 角相同时，整流输出电压比电阻负载时大。如图 1-36（b）所示 i_d 波形在一周期内有部分时间为 0 的情况，称为电流断续。与此对应，若 i_d 波形不出现为 0 的点的情况，称为电流连续。当触发脉冲到来时，晶闸管承受负电压，不可能导通。为了使晶闸管可靠导通，要求触发脉冲有足够的宽度，保证当 $\omega t=\delta$ 时刻有晶闸管开始承受正电压时，触发脉冲仍然存在。这样，相当于触发角被推迟为 δ。

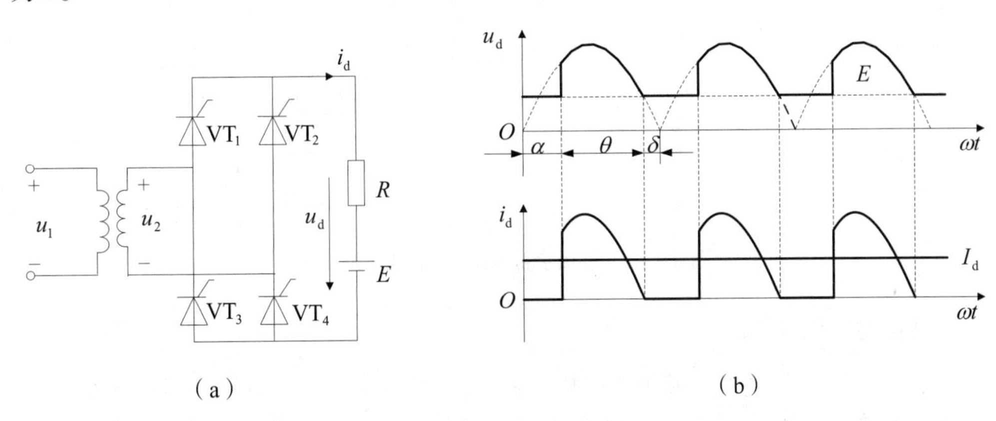

图 1-36 单相桥式全控整流电路接反电动势—电阻负载时的电路及波形

负载为直流电动机时，如果出现电流断续则电动机的机械特性将很软。

为了克服此缺点，一般在主电路中直流输出侧串联一个平波电抗器，用来减少电流的脉动和延长晶闸管导通的时间。

这时整流电压 u_d 的波形和负载电流 i_d 的波形与电感负载电流连续时的波形相同，u_d 的计算公式亦一样。

为保证电流连续所需的电感量 L 可由下式求出：

$$L=\frac{2\sqrt{2}U_2}{\pi\omega I_{\mathrm{dmin}}} \tag{1-28}$$

【拓展知识】

二、单相全波可控整流电路

单相全波与单相全控桥从直流输出端或从交流输入端看均是基本一致的。其可控整流电路及波形如图 1-37 所示。

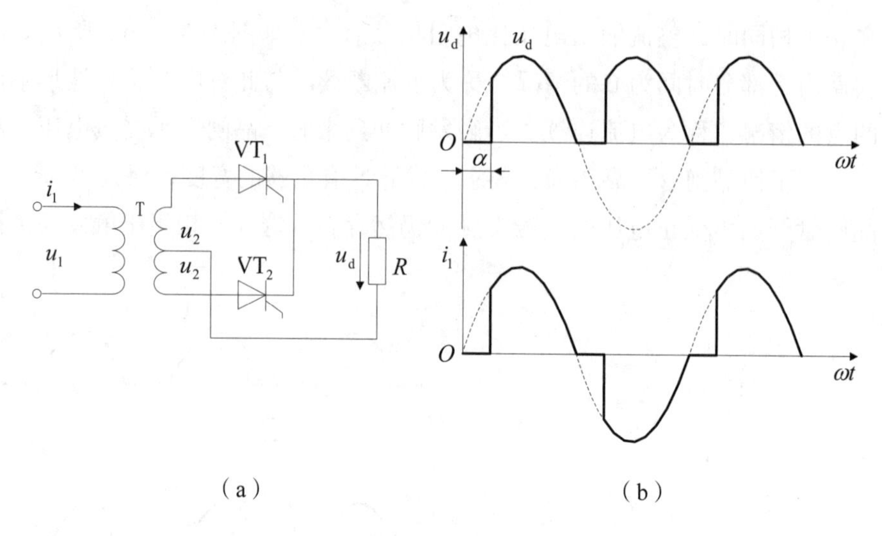

（a）　　　　　　　　　　　（b）

图 1-37　单相全波可控整流电路及波形

两者的区别如下：

（1）单相全波中变压器结构较复杂，绕组及铁芯对铜、铁等材料的消耗多。

（2）单相全波只用 2 个晶闸管，比单相全控桥少 2 个，相应地，门极驱动电路也少 2 个。但是晶闸管承受的最大电压为$2\sqrt{2}U_2$，是单相全控桥的 2 倍。

（3）单相全波导电回路只含一个晶闸管，比单相桥少一个，因而管压降也少一个。

从上述（2）、（3）考虑，单相全波电路有利于在低输出电压的场合应用。

三、单相桥式半控整流电路

单相全控桥中，每个导电回路中有 2 个晶闸管，为了对每个导电回路进行控制，只需一个晶闸管就可以了，另一个晶闸管可以用二极管代替，从而简化整个电路，如此即成为图 1-38 的单相桥式半控整流电路（先不考虑 VD_R）。

半控电路与全控电路在电阻负载时的工作情况相同这里无须讨论。以下针对电感负载进行讨论。

在 u_2 正半周，触发角 α 处给晶闸管 VT_1 加触发脉冲，u_2 经 VT_1 和 VD_4 向负载供电 u_2 过零变负时，因电感作用使电流连续，VT_1 继续导通。但因 a 点电位低于 b 点电位，使得电流从 VD_4 转移至 VD_2，VD_4 关断，电流不再流经变压器二次绕组，而是由 VT_1 和 VD_2 续流。在 u_2 负半周触发角 α 时刻触发 VT_3，VT_3 导通，则向 VT_1 加反压使之关断，u_2 经 VT_3 和 VD_2 向负载供电。u_2 过零变正时，VD_4 导通，VD_2 关断。VT_3 和 VD_4 续流，u_d 又为零。

若无续流二极管，则当 α 突然增大至 180° 或触发脉冲丢失时，会发生一个晶闸管持续导通而两个二极管轮流导通的情况，这使 u_d 成为正弦半波，即半周期 u_d 为正弦，另外半周期 u_d 为零，其平均值保持恒定，称为失控。

有续流二极管 VD_R 时，续流过程由 VD_R 完成，晶闸管关断，避免了某一个晶闸管持续导通从而导致失控的现象。同时，续流期间导电回路中只有一个管压降，有利于降低损耗。单相桥式半控整流电路的另一种接法相当于把图 1-34（a）中的 VT_3 和 VT_4 换为二极管 VD_3 和 VD_4，这样可以省去续流二极管 VD_R，续流由 VD_3 和 VD_4 来实现（见图 1-39）。

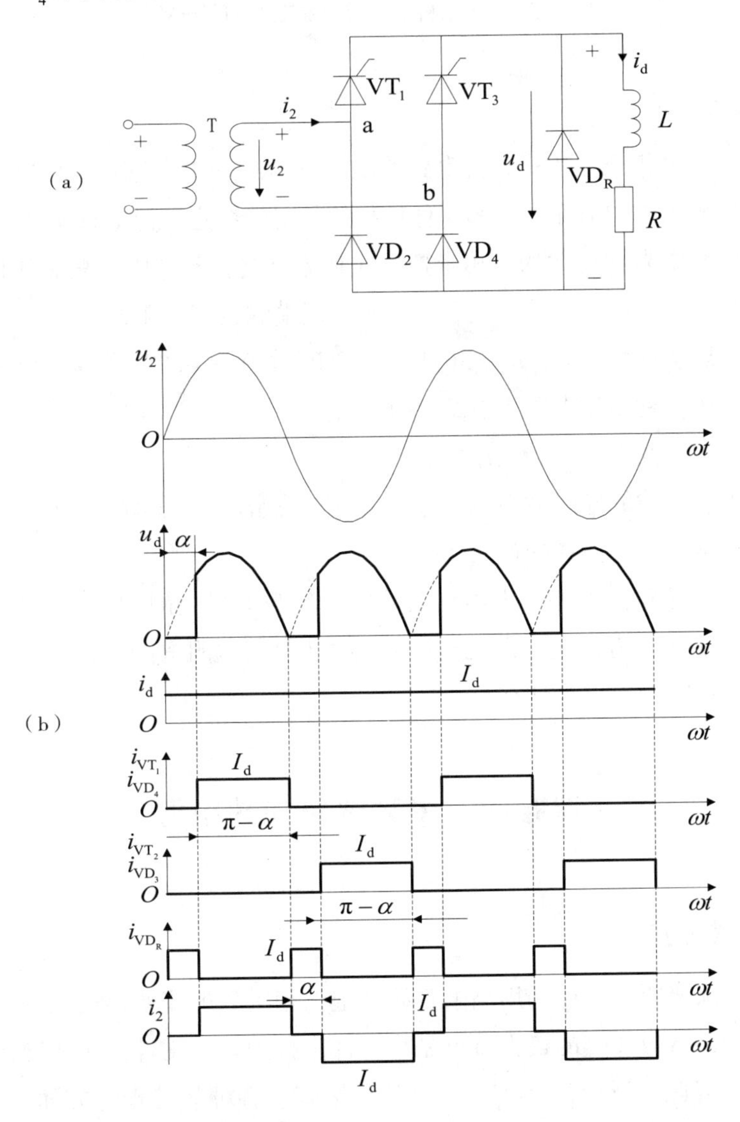

图 1-38　单相桥式半控整流电路，有续流二极管、阻感负载时的电路及波形

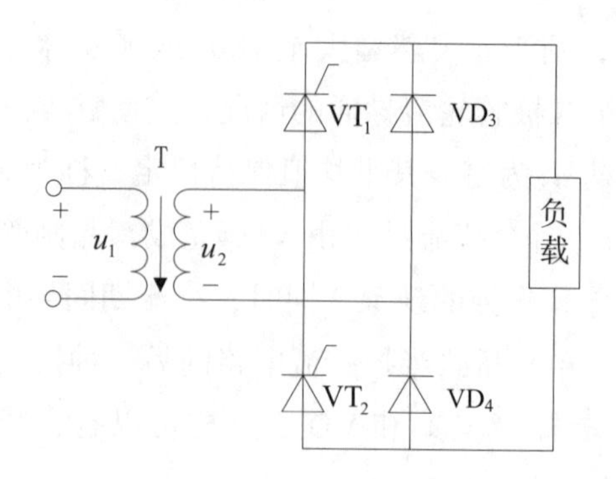

图 1-39　单相桥式半控整流电路的另一接法

【思考与练习】

1-18　某单相全控桥式整流电路给电阻性负载和大电感负载供电，在流过负载电流平均值相同的情况下，哪一种负载的晶闸管额定电流应选择大一些？

1-19　某电阻性负载的单相半控桥式整流电路，若其中一只晶闸管的阳、阴极之间被烧断，试画出整流二极管、晶闸管两端和负载电阻两端的电压波形。

1-20　某电阻性负载，$R_d = 50\,\Omega$，要求 U_d 在 0 ～ 600 V 可调，试用单相半波和单相全控桥两种整流电路来供给，分别计算：

（1）晶闸管额定电压、电流值。

（2）连接负载的导线截面积（导线允许电流密度 $j = 6\ \text{A/mm}^2$）。

（3）负载电阻上消耗的最大功率。

1-21　相控整流电路带电阻性负载时，负载电阻上的 U_d 与 I_d 的乘积是否等于负载有功功率，为什么？带大电感负载时，负载电阻 R_d 上的 U_d 与 I_d 的乘积是否等于负载有功功率，为什么？

课题四　中频感应加热电源

【课题描述】

中频电源装置是一种利用晶闸管元件把三相工频电流变换成某一频率的中频电流的装置，感应加热的最大特点是将工件直接加热，工件加热速度快、温度容易控制等，因此广泛应用在淬火、透热、熔炼、各种热处理等方面。图 1-40 是常见的感应加热装置。

图 1-40　常见的感应加热装置

目前，应用较多的中频感应加热电源主要由可控或不可控整流电路、滤波器、逆变器和一些控制保护电路组成。工作时，三相工频（50 Hz）交流电经整流器整成脉动直流，经过滤波器变成平滑的直流电送到逆变器。逆变器把直流电转变成频率较高的交流电流送给负载。组成框图，如图 1-41 所示。

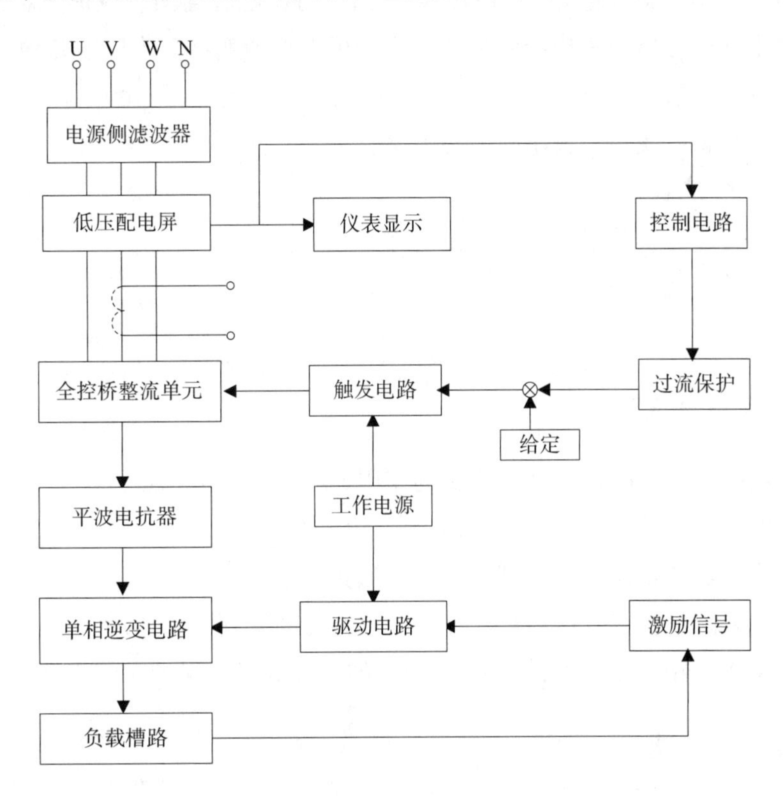

图 1-41　中频感应加热电源组成原理框图

一、整流电路

中频感应加热电源装置的整流电路设计一般要满足以下要求：

（1）整流电路的输出电压在一定的范围内可以连续调节。

（2）整流电路的输出电流连续，且电流脉动系数小于一定值。

（3）整流电路的最大输出电压能够自动限制在给定值，而不受负载阻抗的影响。

（4）电路在出现故障时能自动停止直流功率输出，整流电路必须有完善的过电压、过电流保护措施。

（5）当逆变器运行失败时，能把储存在滤波器的能量通过整流电路返回工频电网，保护逆变器。

二、逆变电路

由逆变晶闸管、感应线圈、补偿电容共同组成逆变器，将直流电变成中频交流电给负载。为了提高电路的功率因数，需要协调电容器向感应加热负载提供无功能量。根据电容器与感应线圈的连接方式可以把逆变器分为以下几种。

1. 串联逆变器

电容器与感应线圈组成串联谐振电路。

2. 并联逆变器

电容器与感应线圈组成并联谐振电路。

3. 串、并联逆变器

综合以上两种逆变器的特点。

三、平波电抗器

平波电抗器在电路中起到很重要的作用，归纳为以下几点：

（1）续流。保证逆变器可靠工作。

（2）平波。使整流电路得到的直流电流比较平滑。

（3）电气隔离。它连接在整流和逆变电路之间起到隔离作用。

（4）限制电路电流的上升率 di/dt 值，逆变失败时，保护晶闸管。

四、控制电路

中频感应加热装置的控制电路比较复杂，包括整流触发电路、逆变触发电路、起动停止控制电路。

（一）整流触发电路

整流触发电路主要是保证整流电路正常可靠工作，产生的触发脉冲必须达到以下要求：

（1）产生相位互差 60º 的脉冲，依次触发整流桥的晶闸管。

（2）触发脉冲的频率必须与电源电压的频率一致。

（3）采用单脉冲时，脉冲的宽度应该大于 90º 且小于 120º。采用双脉冲时，脉冲的宽度为 25º ～ 30º，脉冲的前沿相隔 60º。

（4）输出脉冲有足够的功率，一般为可靠触发功率的 3 ～ 5 倍。

（5）触发电路有足够的抗干扰能力。

（6）控制角能在 0º ～ 170º 平滑移动。

（二）逆变触发电路

加热装置对逆变触发电路的要求如下：

（1）具有自动跟踪能力。

（2）良好的对称性。

（3）有足够的脉冲宽度，脉冲的前沿有一定的陡度。

（4）有足够的抗干扰能力。

（三）起动、停止控制电路

起动、停止控制电路主要控制装置的起动、运行、停止。一般由按钮、继电器、接触器等电器元件组成。

五、保护电路

中频装置的晶闸管的过载能力较差，系统中必须有比较完善的保护措施，比较常用的有阻容吸收装置和硒堆抑制电路内部过电压，电感线圈、快速熔断器等元件限制电流变化率和过电流保护。另外，还必须根据中频装置的特点，设计安装相应的保护电路。

【学习目标】

- 了解中频感应加热装置的基本原理、组成及应用。
- 掌握触发电路与主电路电压同步的概念以及实现同步的方法。
- 了解常用的中频感应加热装置的使用注意事项。

【相关知识】

一、整流主电路

（一）三相半波可控整流电路介绍

1. 三相半波不可控整流电路

为了更好地理解三相半波可控整流电路，我们先来看一下由二极管组成的不可控整流电路，如图 1-42（a）所示。此电路可由三相变压器供电，也可直接接到三相四线制的交流电源上。变压器二次侧相电压有效值为 U_2，线电压为 U_{2L}。其接法是三个整流管的阳极分别接到变压器二次侧的三相电源上，而三个阴极接在一起，接到负载的一端，负载的另一端接到整流变压器的中线，形成回路。此种接法称为共阴极接法。

图 1-42（b）中给出了三相交流电 u_U、u_V 和 u_W 波形图。u_d 是输出电压的波形，u_D 是二极管承受的电压的波形。由于整流二极管导通的唯一条件就是阳极电位高于阴极电位，而三只二极管又是共阴极连接的，且阳极所接的三相电源的相电压是不断变化的，所以哪一相的二极管导通就要看其阳极所接的相电压 u_U、u_V 和 u_W 中哪一相的瞬时值最高，则与该相相连的二极管就会导通。其余两只二极管就会因承受反向电压而关断。例如，在图 1-42（b）中 $\omega t_1 \sim \omega t_2$ 区间，u 相的瞬时电压值 u_U 最高，因此与 U 相相连的二极管 VD_1 优先导通，所以与 V 相、W 相相连的二极管 VD_2 和 VD_3 则分别承受反向线电压 u_{VU}、u_{WU} 关断。若忽略二极管的导通压降，此时，输出电压 u_d 就等于 U 相的电源电压 u_U。同理，当 ωt_2 时，由于 V 相的电压 u_V 开始高于 U 相的电压 u_U 而变为最高，因此电流就要由 VD_1 换流给 VD_2，VD_1 和 VD_3 又会承受反向线电压而处于阻断状态，输出电压 $u_d = u_V$。同样在 ωt_3 以后，因 W 相电压 u_W 最高，所以 VD_3 导通，VD_1 和 VD_2 受反压而关断，输出电压 $u_d = u_W$。以后又重复上述过程。

可以看出，三相半波不可控整流电路中三个二极管轮流导通，导通角均为 120°，输出电压 u_d 是脉动的三相交流相电压波形的正向包络线，负载电流波形形状与 u_d 相同。

其输出直流电压的平均值 U_d 为

$$U_d = \frac{3}{2\pi}\int_{\frac{\pi}{6}}^{\frac{5\pi}{6}} \sqrt{2}U_2 \sin \omega t \mathrm{d}(\omega t) = \frac{3\sqrt{6}}{2\pi}U_2 = 1.17U_2 \tag{1-29}$$

整流二极管承受的电压的波形如图 1-42（b）所示。以 VD_1 为例，在 $\omega t_1 \sim \omega t_2$ 区间，由于 VD_1 导通，所以 u_{D_1} 为零；在 $\omega t_2 \sim \omega t_3$ 区间，VD_2 导通，

则 VD_1 承受反向电压 u_{UV}，即 $u_{D_1}=u_{UV}$；在 $\omega t_3\sim\omega t_4$ 区间，VD_3 导通，则 VD_1 承受反向电压 u_{UW}，即 $u_{D1}=u_{UW}$。从图中还可看出，整流二极管承受的最大的反向电压就是三相交压的峰值，即

$$U_{DM}=\sqrt{6}U_2 \tag{1-30}$$

从图 1-42（b）中还可看到，1、2、3 这三个点分别是二极管 VD_1、VD_2 和 VD_3 的导通起始点，即每经过其中一点，电流就会自动从前一相换流至后一相，这种换相是利用三相电源电压的变化自然进行的，因此把 1、2、3 点称为自然换相点。

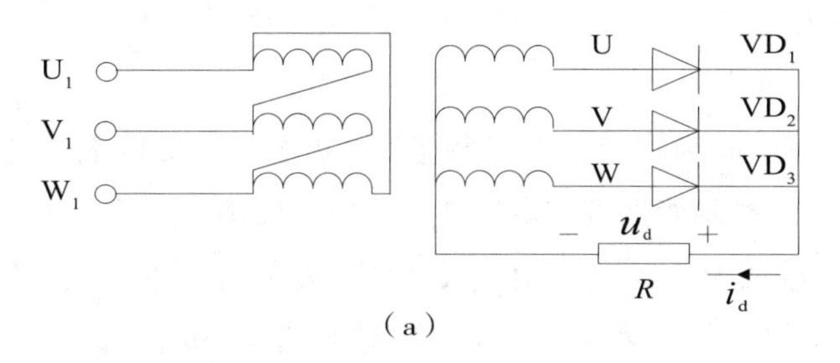

（a）

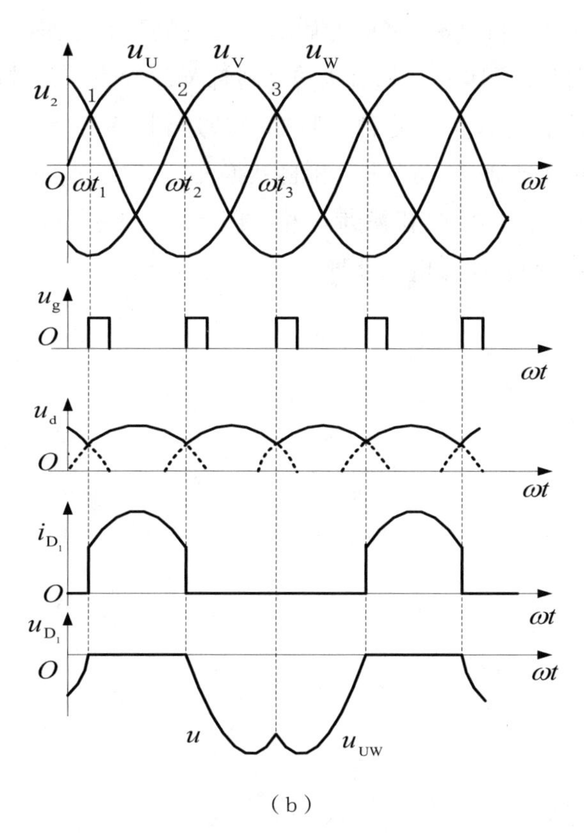

（b）

图 1-42　三相半波不可控整流电路及波形

2. 三相半波可控整流电路

三相半波可控整流电路有两种接线方式，分别为共阴极、共阳极接法。共阴极接法触发脉冲有共用线，使用调试方便，因此得到了广泛应用。

（1）电路结构

将图 1-42（a）中三个二极管换成晶闸管就组成了共阴极接法的三相半波可控整流电路。如图 1-43（a）所示，电路中，整流变压器的一次侧采用三角形联结，防止三次谐波进入电网。二次侧采用星形联结，可以引出中性线。三个晶闸管的阴极短接在一起，阳极分别接到三相电源。

（2）电路工作原理

① $0° \leqslant \alpha \leqslant 30°$

$\alpha = 0°$ 时，三个晶闸管相当于三个整流二极管，负载两端的电流电压波形与图 1-42 所示相同，晶闸管两端的电压波形，由 3 段组成：第 1 段，VT_1 导通期间，为一管压降，可近似为 $u_{T1} = 0$。第 2 段，VT_1 关断后，VT_2 导通期间，$u_{T1} = u_U - u_V = u_{UV}$，为一段线电压。第 3 段，在 VT_3 导通期间，$u_{T1} = u_U - u_W = u_{UW}$ 为另一段线电压，如果增大控制角 α，将脉冲后移，整流电路的工作情况就会相应地发生变化，假设电路已在工作，W 相所接的晶闸管 VT_3 导通，经过自然换相点“1”时，由于 U 相所接晶闸管 VT_1 的触发脉冲尚未送到，VT_1 无法导通。于是 VT_3 仍承受正向电压继续导通，直到过 U 相自然换相点“1”点 30°，晶闸管 VT_1 被触发导通，输出直流电压由 W 相换到 U 相。图 1-43（b）为 $\alpha = 30°$ 时的输出电压和电流波形以及晶闸管两端电压波形。

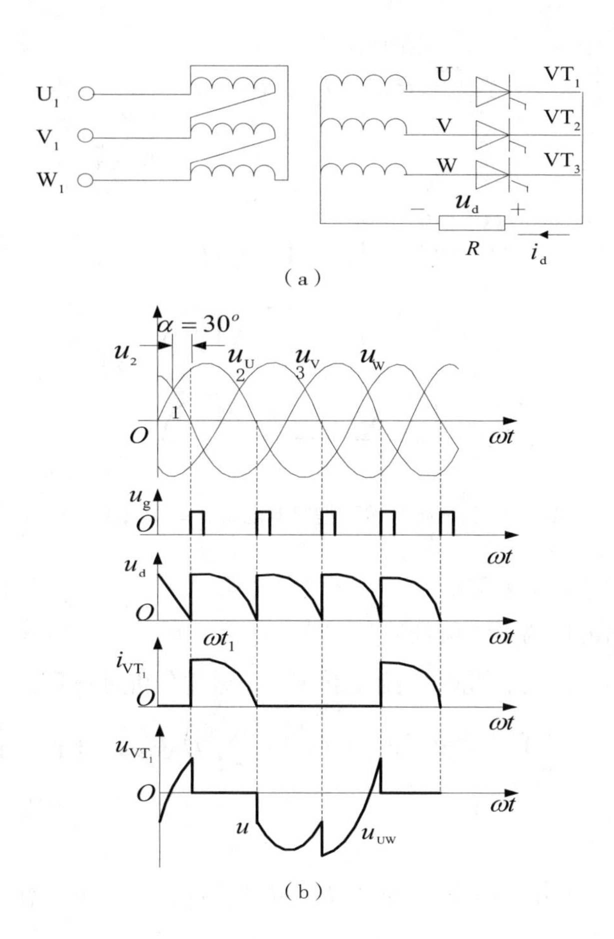

图 1-43　三相半波可控整流电路及 $\alpha=30°$ 时的波形

② $30° \leqslant \alpha \leqslant 150°$

当触发角 $\alpha \geqslant 30°$ 时，电压和电流波形断续，各个晶闸管的导通角小于 120°，如 $\alpha=60°$ 的波形如图 1-44 所示。

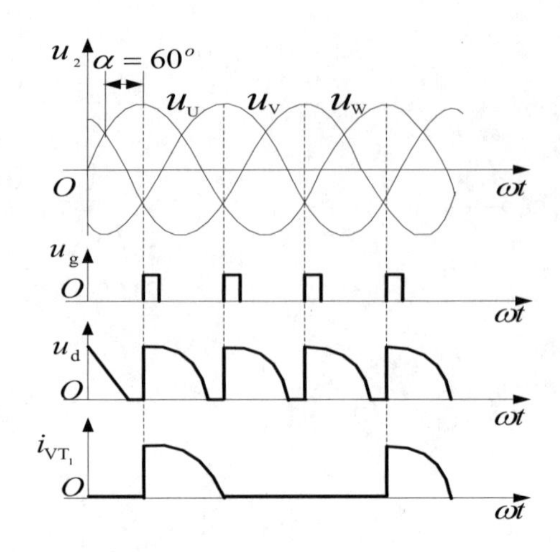

图 1-44　三相半波可控整流电路 $\alpha=60°$ 的波形

（3）基本的物理量计算

① 整流输出电压的平均值计算

当 $0°\leqslant\alpha\leqslant30°$ 时，此时电流波形连续，通过分析可得到：

$$U_d=\frac{3}{2\pi}\int_{\frac{\pi}{6}+\alpha}^{\frac{5\pi}{6}+\alpha}\sqrt{2}U_2\sin\omega t\mathrm{d}(\omega t)=\frac{3\sqrt{6}}{2\pi}U_2\cos\alpha=1.17U_2\cos\alpha \tag{1-31}$$

当 $30°\leqslant\alpha\leqslant150°$ 时，此时电流波形断续，通过分析可得到：

$$U_d=\frac{3}{2\pi}\int_{\frac{\pi}{6}+\alpha}^{\pi}\sqrt{2}U_2\sin\omega t\mathrm{d}(\omega t)=\frac{3\sqrt{2}}{2\pi}U_2\left[1+\cos(\frac{\pi}{6}+\alpha)\right]=0.675\left[1+\cos(\frac{\pi}{6}+\alpha)\right] \tag{1-32}$$

② 直流输出平均电流

对于电阻性负载，电流与电压波形是一致的，数量关系为：

$$I_d=U_d/R_d \tag{1-33}$$

③ 晶闸管承受的电压和控制角的移相范围

由前面的波形分析可以知道，晶闸管承受的最大反向电压为变压器二次侧线电压的峰值。电流断续时，晶闸管承受的是电源的相电压，所以晶闸管承受的最大正向电压为相电压的峰值，即：

$$U_{RM}=\sqrt{2}\times\sqrt{3}U_2=\sqrt{6}U_2=2.45U_2 \tag{1-34}$$

$$U_{FM}=\sqrt{2}U_2 \tag{1-35}$$

由前面的波形分析还可以知道，当触发脉冲后移到 $\alpha=150°$ 时，正好为电源相电压的过零点，后面晶闸管不再承受正向电压，也就是说，晶闸管无法导通。因此，在电阻性负载时，三相半波可控整流电路控制角的移相范围是 0° ～ 150°。

3. 三相半波共阳极可控整流电路

共阳极可控整流电路就是把三个晶闸管的阳极接到一起，阴极分别接到三相交流电源。这种电路的电路及波形如图 1-45 所示，工作原理与共阴极整流电路基本一致。同样，晶闸管承受正向电压即阳极电位高于阴极电位时才可能导通。所以，在三只晶闸管中，哪一个晶闸管的阴极电位最低，哪个晶闸管就有可能导通。由于输出电压的波形在横轴下面，即输出电压的平均值为：

$$U_d = 1.17U_2\cos\alpha \tag{1-36}$$

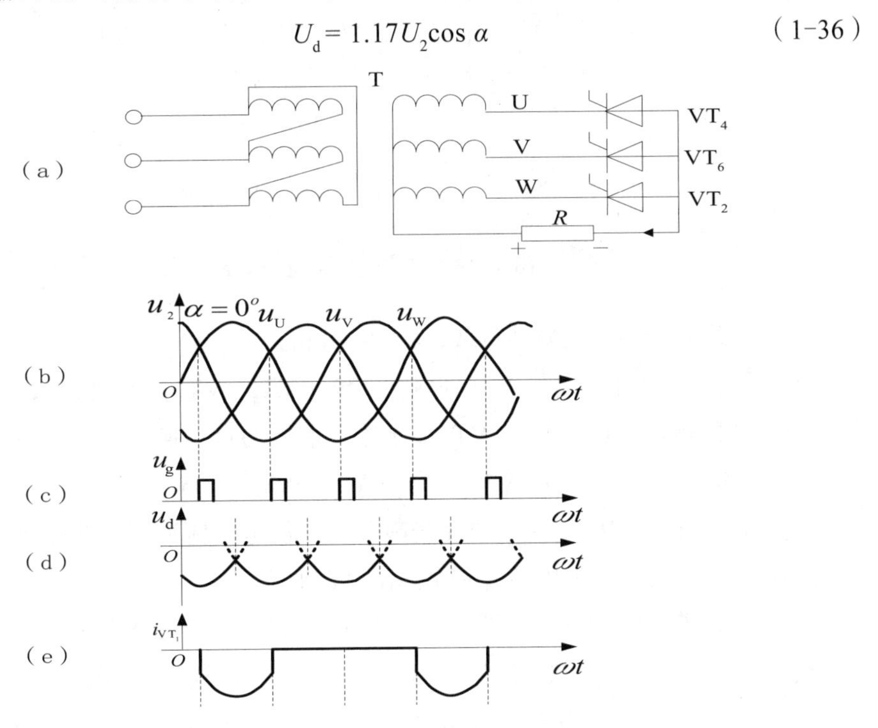

图 1-45　三相半波共阳极可控整流电路及波形

上述两种整流电路中，无论是共阴极可控整流电路还是共阳极可控整流电路，都只用三只晶闸管，所以电路接线比较简单。但是，变压器的绕组利用率较低。绕组的电流是单方向的，因此还存在直流磁化现象。负载电流要经过电源的零线，会导致额外的损耗。所以，三相半波整流电路一般用于小容量场合。

（二）三相桥式全控整流电路介绍

1. 电阻性负载

（1）电路组成

三相桥式全控整流电路实质上是一组共阴极半波可控整流电路与共阳极半波

可控整流电路的串联，在上一节的内容中，共阴极半波可控整流电路实际上只利用电源变压器的正半周期，共阳极半波可控整流电路只利用电源变压器的负半周期，如果两种电路的负载电流一样大小，可以利用同一电源变压器。即两种电路串联便可以得到三相桥式全控整流电路，电路的组成如图 1-46 所示。

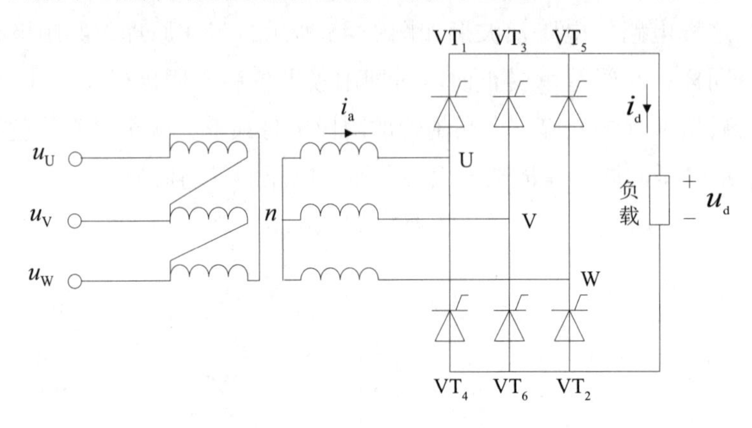

图 1-46　三相全控桥整流电路

（2）工作原理（以电阻性负载，$\alpha=0°$ 分析）

在共阴极组的自然换相点分别触发 VT_1、VT_3、VT_5 晶闸管，共阳极组的自然换相点分别触发 VT_2、VT_4、VT_6 晶闸管，两组的自然换相点对应相差 60°，电路各自在本组内换流，即 VT_1—VT_3—VT_5—VT_1…，VT_2—VT_4—VT_6—VT_2…，每个管子轮流导通 120°。由于中性线断开，要使电流流通，负载端有输出电压，必须在共阴极和共阳极组中各有一个晶闸管同时导通。

$\omega t_1 \sim \omega t_2$ 期间，U 相电压最高，V 相电压最低，在触发脉冲作用下，VT_6、VT_1 管同时导通，电流从 U 相流出，经 VT_1 负载 VT_6 流回 V 相，负载上得到 U、V 相线电压 u_{uv}。从 ωt_2 开始，U 相电压仍保持电位最高，VT_1 继续导通，但 W 相电压开始比 V 相更低，此时触发脉冲触发 VT_2 导通，迫使 VT_6 承受反压而关断，负载电流从 VT_6 中换到 VT_2，以此类推。负载两端的波形如图 1-47 所示。

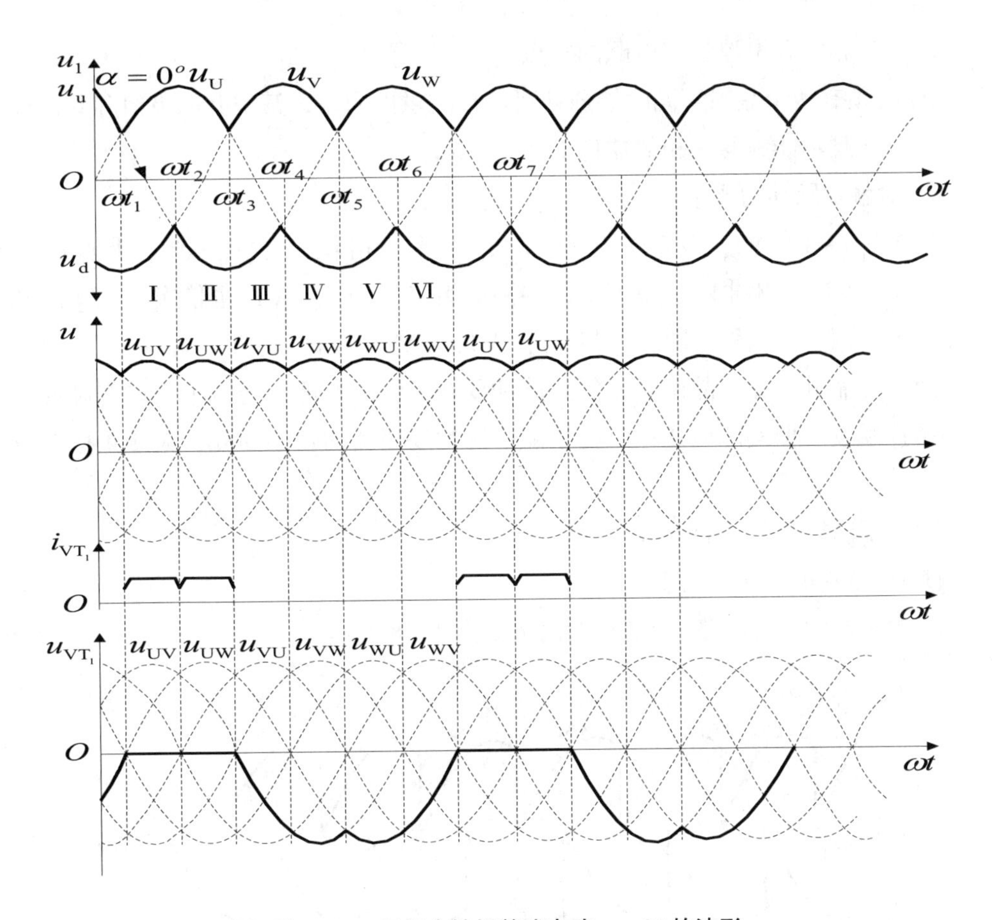

图 1-47　三相全控桥整流电路 $\alpha=0°$ 的波形

导通晶闸管及负载电压如表 1-5 所示。

表 1-5　导通晶闸管及负载电压

导通期间	$\omega t_1\sim\omega t_2$	$\omega t_2\sim\omega t_3$	$\omega t_3\sim\omega t_4$	$\omega t_4\sim\omega t_5$	$\omega t_5\sim\omega t_6$	$\omega t_6\sim\omega t_7$
导通 VT	VT_1，VT_6	VT_1，VT_2	VT_3，VT_2	VT_3，VT_4	VT_5，VT_4	VT_5，VT_6
共阴电压	U 相	U 相	V 相	V 相	W 相	W 相
共阳电压	V 相	W 相	W 相	U 相	U 相	V 相
负载电压	UV 线电压 u_{UV}	UW 线电压 u_{UW}	VW 线电压 u_{VW}	VU 线电压 u_{VU}	WU 线电压 u_{WU}	WV 线电压 u_{WV}

（3）三相桥式全控整流电路的特点

① 必须有两个晶闸管同时导通才可能形成供电回路，其中共阴极组和共阳极组各一个，且不能为同一相的器件。

② 对触发脉冲的要求

按 VT_1—VT_2—VT_3—VT_4—VT_5—VT_6 的顺序，相位依次差 60°，共阴极组 VT_1、VT_3、VT_5 的脉冲依次差 120°，共阳极组 VT_4、VT_6、VT_2 也依次差 120°。同一相的上下两个晶闸管，即 VT_1 与 VT_4，VT_3 与 VT_6，VT_5 与 VT_2，脉冲相差 180°。

为了可靠触发导通晶闸管，触发脉冲要有足够的宽度，通常采用单宽脉冲或双窄脉冲触发。但实际应用中，为了减少脉冲变压器的铁心损耗，大多采用双窄脉冲。

（4）不同控制角时的波形分析

① $\alpha = 30°$ 时的工作情况

三相全控桥整流电路 $\alpha = 30°$ 的波形如图 1-48 所示。

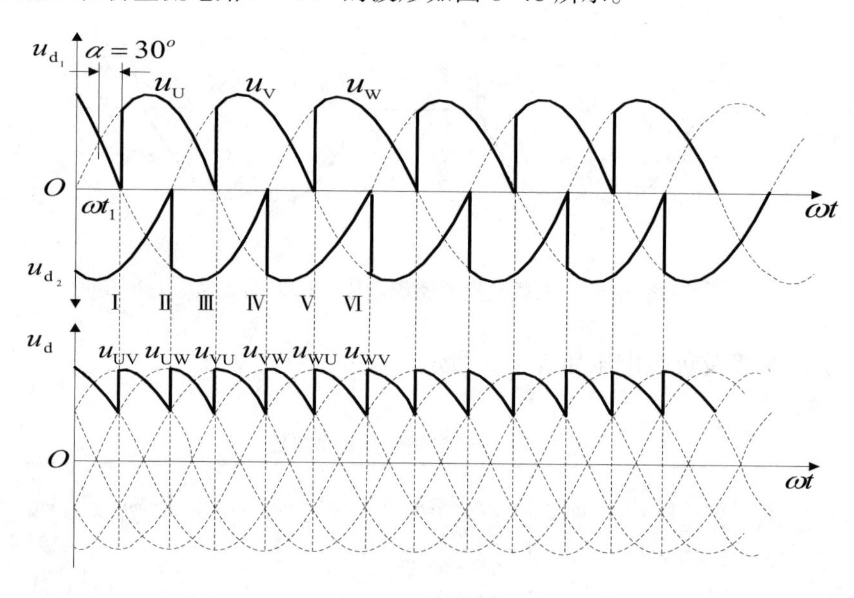

图 1-48　三相全控桥整流电路 $\alpha = 30°$ 的波形

这种情况与 $\alpha = 0°$ 时的区别如下：晶闸管起始导通时刻推迟了 30°，组成 u_d 的每一段线电压因此推迟 30°，从 ωt_1 开始把一周期等分为 6 段，u_d 波形仍由 6 段线电压构成，每一段导通晶闸管的编号等仍符合表 1-5 的规律。变压器二次侧电流 i_a 波形的特点如下：在 VT_1 处于通态的 120° 期间，i_a 为正，i_a 波形的形状与同时段的 u_d 波形相同，在 VT_4 处于通态的 120° 期间，i_a 波形的形状也与同时段的 u_d 波形相同，但为负值。

② $\alpha = 60°$ 时的工作情况

三相全控桥整流电路 $\alpha = 60°$ 的波形如图 1-49 所示。

此时 u_d 的波形中每段线电压的波形继续后移，u_d 平均值继续降低。$\alpha = 60°$ 时 u_d 出现为零的点，这种情况即为输出电压 u_d 为连续和断续的分界点。

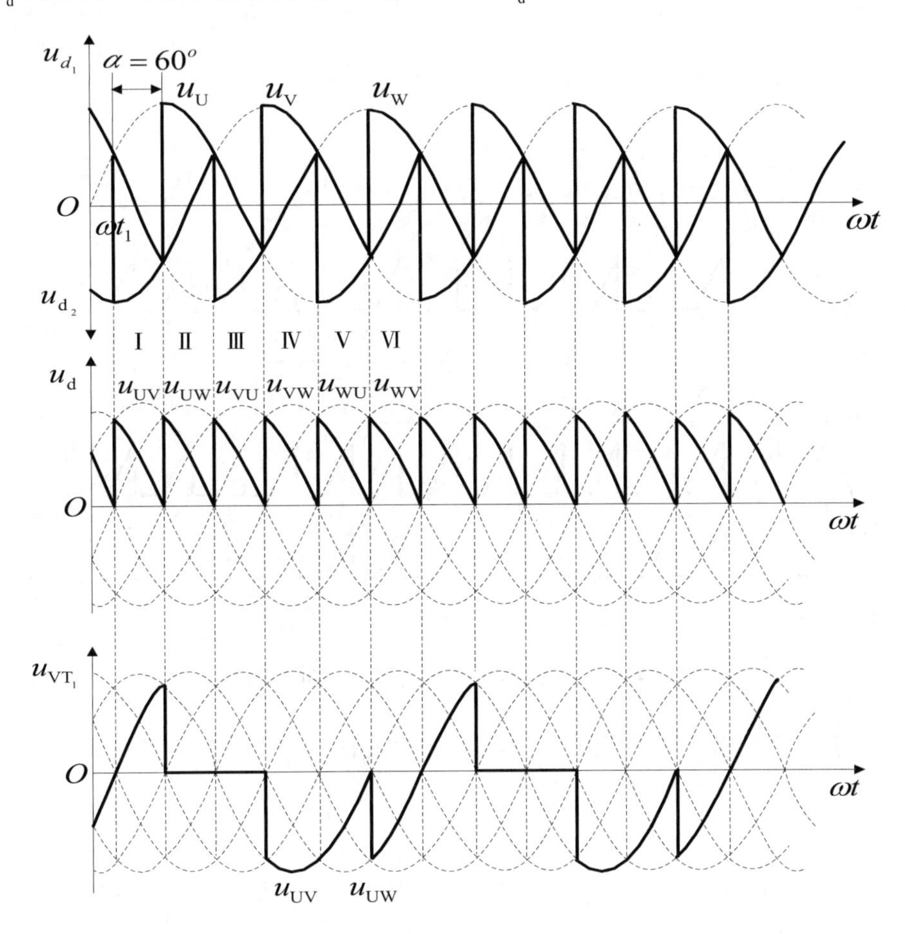

图 1-49　三相全控桥整流电路 $\alpha = 60°$ 的波形

③ $\alpha = 90°$ 时的工作情况

三相全控桥整流电路 $\alpha = 90°$ 的波形如图 1-50 所示。

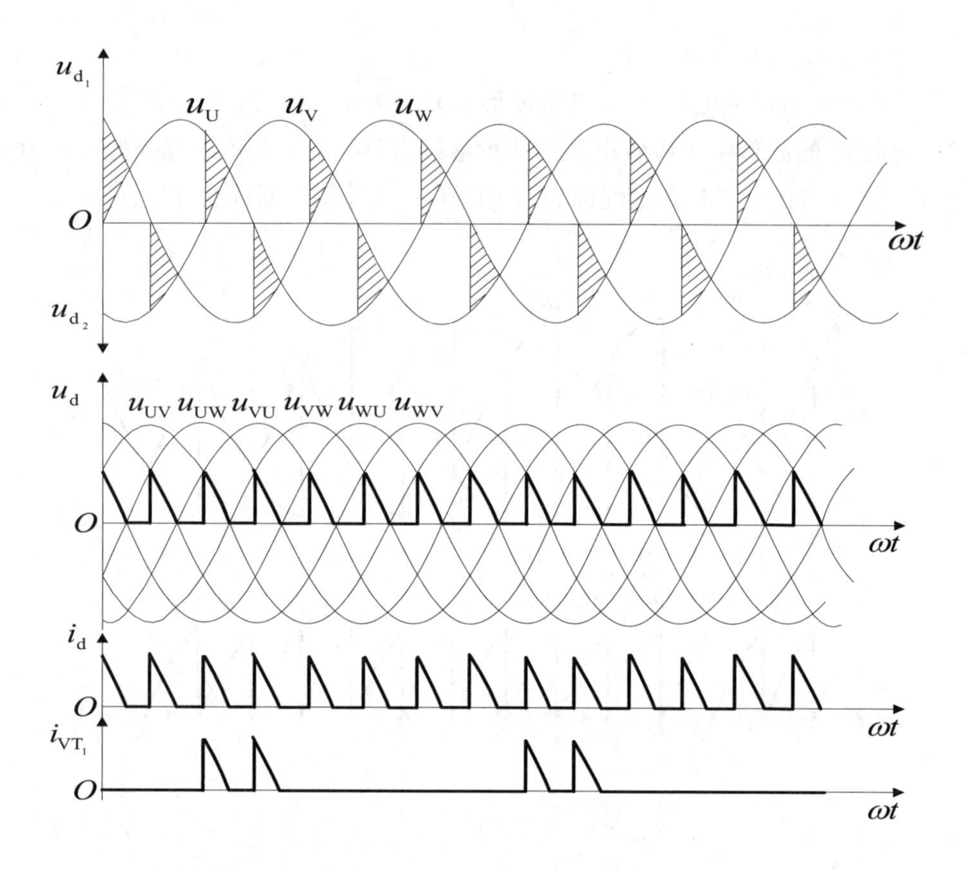

图 1–50　三相全控桥整流电路 $\alpha = 90°$ 的波形

此时 u_d 的波形中每段线电压的波形继续后移，u_d 平均值继续降低。$\alpha = 90°$ 时 u_d 波形断续，每个晶闸管的导通角小于 120°。

小结：

第一，当 $\alpha \leqslant 60°$ 时，u_d 波形均连续，对于电阻负载，i_d 波形与 u_d 波形形状一样，也连续。

第二，当 $\alpha > 60°$ 时，u_d 波形每 60° 中有一段为零，u_d 波形不能出现负值，带电阻负载时三相桥式全控整流电路 α 角的移相范围是 0° ～ 120°。

2. 电感性负载

（1）$\alpha \leqslant 60°$ 时，u_d 波形连续，工作情况与带电阻负载时十分相似，各晶闸管的通断情况、输出整流电压 u_d 波形、晶闸管承受的电压波形等都一样。

两种负载时的区别如下：由于负载不同，同样的整流输出电压加到负载上，得到的负载电流 i_d 波形不同。阻感负载时，由于电感的作用，负载电流波形变得平直，当电感足够大的时候，负载电流的波形可近似为一条水平线。$\alpha = 0°$ 和 $\alpha = 30°$ 的波形如图 1–51 和图 1–52 所示。

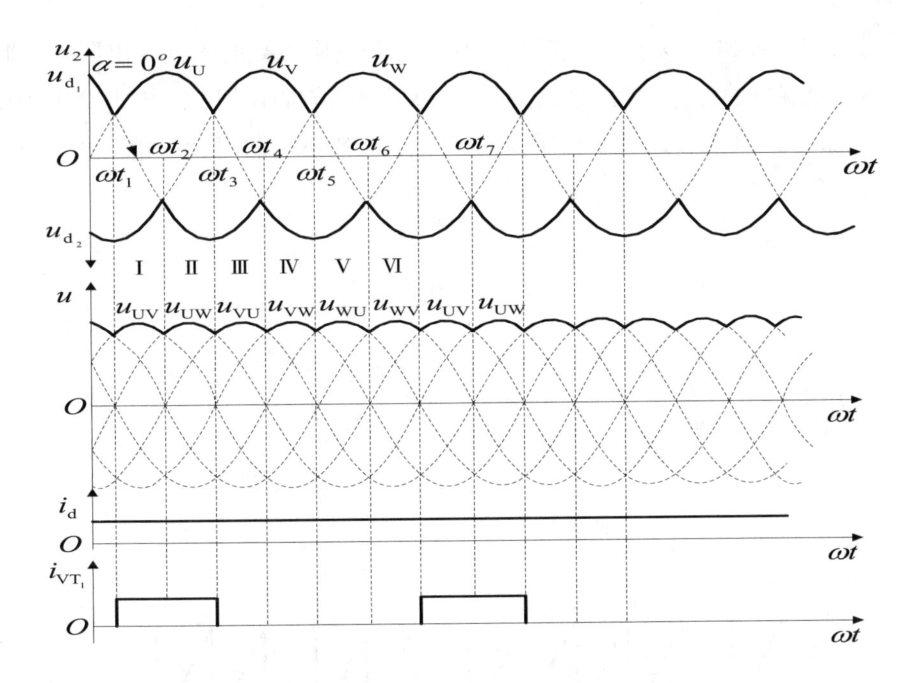

图 1-51　三相桥式全控整流电路阻感负载 α = 0° 波形

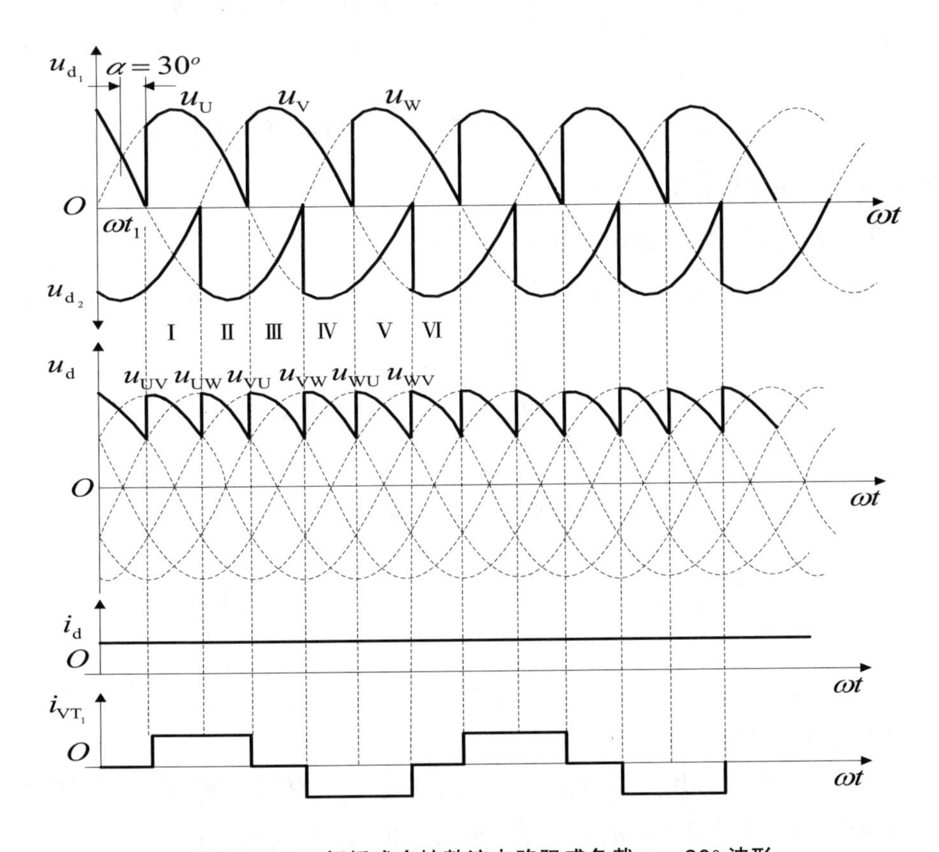

图 1-52　三相桥式全控整流电路阻感负载 α = 30° 波形

（2）$\alpha > 60°$ 时，阻感负载时的工作情况与电阻负载时不同，电阻负载时 u_d 波形不会出现负的部分，而阻感负载时，由于电感 L 的作用，u_d 波形会出现负的部分，$\alpha = 90°$ 时波形如图 1-53 所示。可见，带阻感负载时，三相桥式全控整流电路的 α 角移相范围为 0° ～ 90°。

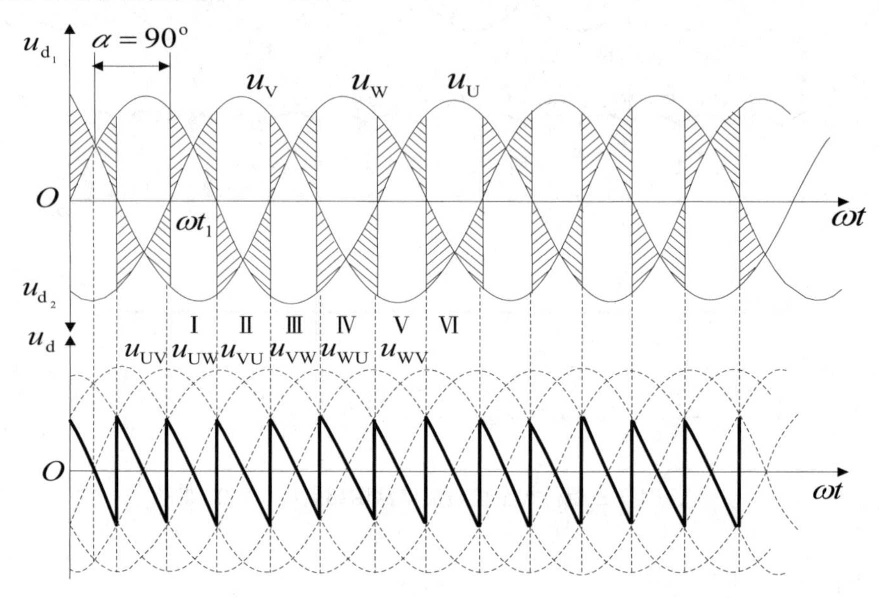

图 1-53　三相桥式全控整流电路阻感负载 $\alpha = 90°$ 波形

3. 基本的物理量计算

（1）整流电路输出直流平均电压

当整流输出电压连续时（即带阻感负载时，或带电阻负载 $\alpha \leqslant 60°$ 时）的平均值为：

$$U_d = \frac{3}{\pi}\int_{\frac{\pi}{3}+\alpha}^{\frac{2\pi}{3}+\alpha}\sqrt{6}U_2\sin\omega t\mathrm{d}(\omega t) = 2.34U_2\cos\alpha \tag{1-37}$$

带电阻负载且 $\alpha > 60°$ 时，整流电压平均值为：

$$U_d = \frac{\pi}{3}\int_{\frac{\pi}{3}+\alpha}^{\pi}\sqrt{6}U_2\sin\omega t\mathrm{d}(\omega t) = 2.34U_2\left[1+\cos\left(\frac{\pi}{3}+\alpha\right)\right] \tag{1-38}$$

（2）输出电流平均值

$$I_d = U_d / R \tag{1-39}$$

（3）电流有效值

当整流变压器为采用星形接法，带阻感负载时，变压器二次侧电流波形如图 1-52 所示，为正负半周各宽 120°、前沿相差 180° 的矩形波，其有效值为：

$$I_2=\sqrt{\frac{1}{2\pi}\left(I_d^2\times\frac{2}{3}\pi+(-I_d)^2\times\frac{2}{3}\pi\right)}=\sqrt{\frac{2\pi}{3}}I_d=0.816I_d \tag{1-40}$$

晶闸管电压、电流等的定量分析与三相半波时一致。

二、平波电抗器的及简易设计

平波电抗器的主要参数是额定电流和电感量，电感量的计算依据如下：

（1）保证电流连续所需要的电感量。

（2）限制电流脉动所需要的电感量。

（3）抑制环流所需要的电感量。

一般情况下，平波电抗器的计算程序如下：

（1）根据给定原始数据 L 和 I_d，计算 I_{d2L}。

（2）根据选用的硅钢片的磁化曲线确定 B_0。

（3）根据选用的导线的绝缘材料和冷却方式，选取电流密度。如选用自然冷却的铜导线，取 $j = 250\ A/cm^2$。

（4）按优化设计原则计算，要求可能的情况下按最小体积设计。

另外，还有相对气隙、匝数、磁场强度以及电感量等方面。具体设计方法可以参考相关资料。

三、整流触发电路

整流电路的触发电路有很多种，要根据具体的整流电路和应用场合选择不同的触发电路。实际上，大多情况选用锯齿波同步触发电路和集成触发器。

（一）锯齿波同步触发电路的组成和工作原理

锯齿波同步触发电路有锯齿波形成、同步移相、脉冲形成放大环节、双脉冲、脉冲封锁等环节和强触发环节等组成。可触发 200 A 的晶闸管。同步电压采用锯齿波，不直接受电网波动与波形畸变的影响，移相范围宽，因此在大中容量中得到了广泛应用。

锯齿波同步触发电路原理如图 1-54 所示，下面分环节介绍：

1. 锯齿波形成和同步移相控制环节

（1）锯齿波形成

V_1、V_9、R_3、R_4 组成的恒流源电路对 C_2 充电形成锯齿波电压，当 V_2 截止时，恒流源电流 I_{c_1} 对 C_2 恒流充电，电容两端电压为

$$u_{c_2}=\frac{I_{c_1}}{C_2}t \tag{1-41}$$

当 V_2 导通时，由于 R_4 阻值很小，C_2 迅速放电。所以只要 V_2 管周期性导通关断，电容 C_2 两端就能得到线性很好的锯齿波电压。

U_{b_4} 为合成电压（锯齿波电压为基础，再叠加 U_b、U_c），通过调节 U_c 来调节 α。

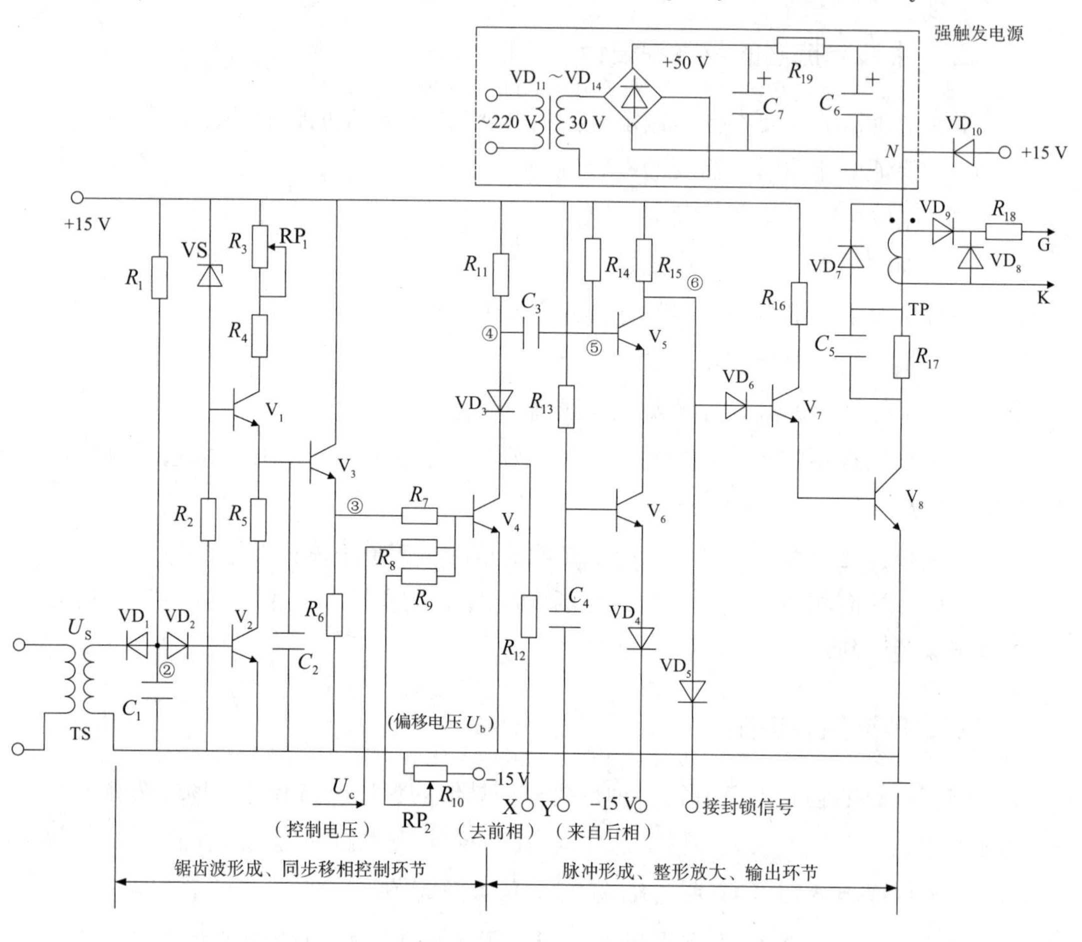

图 1-54　锯齿波同步触发电路原理图

（2）同步环节

同步环节由同步变压器 TS 和 V_2 管等元件组成。锯齿波触发电路输出的脉冲怎样才能与主回路同步呢？由前面的分析可知，脉冲产生的时刻是由 V_4 导通时刻决定（锯齿波和 U_b、U_c 之和达到 0.7 V 时），由此可见，若锯齿波的频率与主电路电源频率同步即能使触发脉冲与主电路电源同步，锯齿波是由 V_2 管来控制的，V_2 管由导通变截止期间产生锯齿波，V_2 管截止的持续时间就是锯齿波的脉宽，V_2 管的开关频率就是锯齿波的频率。在这里，同步变压器 TS 和主电路整流变压器接在同一电源上，用 TS 次级电压来控制 V_2 的导通和截止，从而保证了触发电路发出的脉冲与主电路电源同步。

工作时，把负偏移电压 U_b 调整到某值固定后，改变控制电压 U_c，就能改变 u_{b_4} 波形与时间横轴的交点，就改变了 V_4 转为导通的时刻，即改变了触发脉冲产生的时刻，达到移相的目的。

电路中增加负偏移电压 U_b 的目的是为了调整 $U_c = 0$ 时触发脉冲的初始位置。

2. 脉冲形成、整形和放大输出环节

（1）当 u_{b_4}<0.7 V 时 V_4 管截止，V_5、V_6 导通，使 V_7、V_8 截止，无脉冲输出。

电源经 R_{13}、R_{14} 向 V_5、V_6 供给足够的基极电流，使 V_5、V_6 饱和导通，⑥点电位为 −13.7 V（二极管正向压降以 0.7 V 、晶体管饱和压降以 0.3 V 计算），V_7、V_8 截止，无触发脉冲输出。

④点电位：15 V；⑤点电位：−13.3 V。

另外：+15 V → R_{11} → C_3 → V_5 → V_6 → −15 V 对 C_3 充电，极性左正右负，大小 28.3 V。

（2）当 $u_{b_4} \geq 0.7$ V 时 V_4 导通，有脉冲输出，④点电位立即从 +15 V 下跳到 1 V，C_3 两端电压不能突变，⑤点电位降至 −27.3 V，V_5 截止，V_7、V_8 经 R_{15}、VD_6 供给基极电流饱和导通，输出脉冲，⑥点电位为 −13.7 V 突变至 2.1 V（VD_6、V_7、V_8 压降之和）。

另外：C_3 经 +15 V → R_{14} → VD_3 → V_4 放电和反充电⑤点电位上升，当⑤点电位从 −27.3 V 上升到 −13.3 V 时，V_5、V_6 又导通，⑥点电位由 2.1 V 突降至 −13.7 V，V_7、V_8 截止，输出脉冲终止。

由此可见，脉冲产生时刻由 V_4 导通瞬间确定，脉冲宽度由 V_5、V_6 持续截止的时间确定。所以脉宽由 C_3 反充电时间常数（$\tau = C_3R_{14}$）来决定。

3. 强触发环节

晶闸管采用强触发可缩短开通时间，提高管子承受电流上升率的能力，有利于改善串并联元件的动态均压与均流，增加触发的可靠性，因此在大中容量系统的触发电路都带有强触发环节。

图 1−54 中右上角强触发环节由单相桥式整流获得近 50 V 直流电压作电源，在 V_8 导通前，50 V 电源经 R_{19} 对 C_6 充电，N 点电位为 50 V。当 V_8 导通时，C_6 经脉冲变压器一次侧、R_{17} 与 V_8 迅速放电，由于放电回路电阻很小，N 点电位迅速下降，当 N 点电位下降到 14.3 V 时，VD_{10} 导通，脉冲变压器改由 +15 V 稳压电源供电。各点波形如图 1−55 所示。

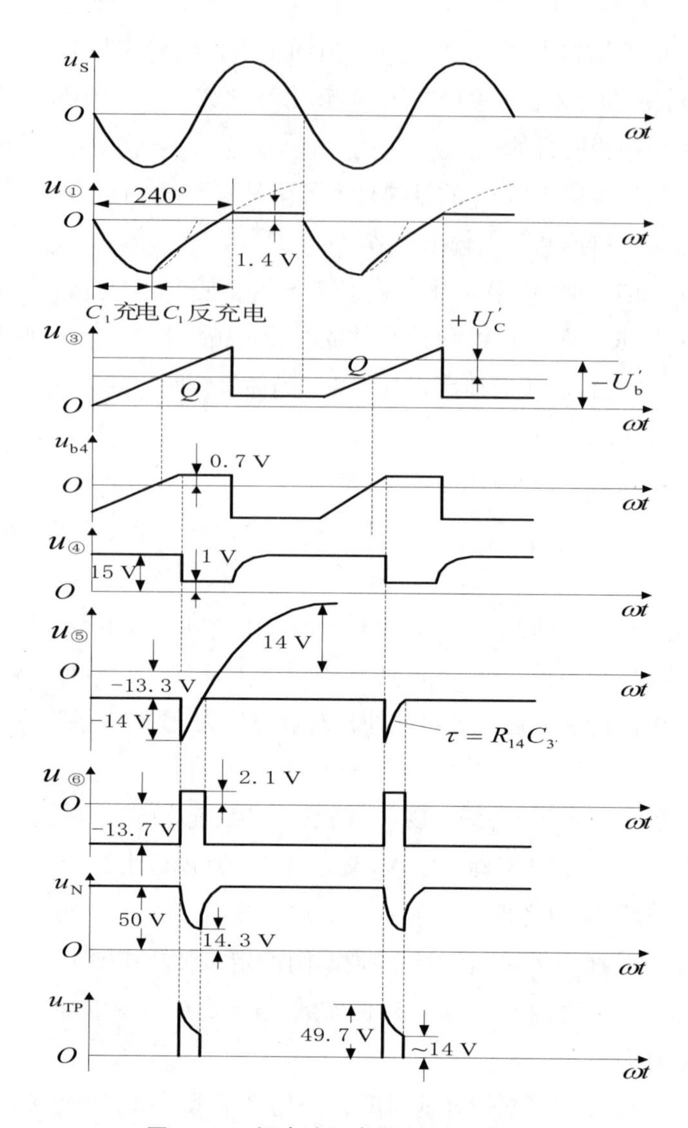

图 1–55　锯齿波同步触发电路波形图

4. 双窄脉冲形成环节

双脉冲有两种方法：内双脉冲和外双脉冲。

锯齿波触发电路为内双脉冲。晶体管 V_5、V_6 构成一个“或”门电路，不论哪一个截止，都会使⑥点电位上升到 2.1 V，触发电路输出脉冲。V_5 基极端由本相同步移相环节送来的负脉冲信号使 V_5 截止，送出第一个窄脉冲，然后有滞后 60° 的后相触发电路在产生其本相第一个脉冲的同时，由 V_4 管的集电极经 R_{12} 的 X 端送到本相的 Y 端，经电容 C_4 微分产生负脉冲送到 V_6 基极，使 V_6 截止，于是本相的 V_6 又导通一次，输出滞后 60° 的第二个脉冲。

对于三相全控桥电路，三相电源 U、V、W 为正相序时，六只晶闸管的触发

顺序为 $VT_1 \rightarrow VT_2 \rightarrow VT_3 \rightarrow VT_4 \rightarrow VT_5 \rightarrow VT_6$ 彼此间隔 60°，为了得到双脉冲，六块触发电路板的 X 、Y 可按图 1-56 所示的方式连接。

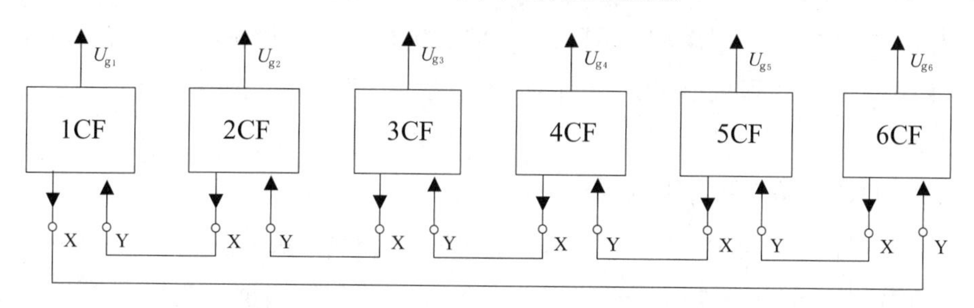

图 1-56　触发电路实现双脉冲连接的示意图

5. 其他说明

在事故情况下或在可逆逻辑无环流系统，要求一组晶闸管桥路工作，另一组桥路封锁，这时可将脉冲封锁引出端接零电位或负电位，晶体管 V_7、V_8 就无法导通，触发脉冲无法输出。串接 VD_5 是为了防止封锁端接地时，经 V_5、V_6 和 VD_4 到 −15 V 之间产生大电流通路。

（二）集成触发器介绍

随着晶闸管变流技术的发展，目前逐渐推广使用集成电路触发器。集成电路触发器的应用提高了触发电路工作的可靠性，简化了触发电路的生产与调试。获得广泛应用的有以下几种。

1. KC04 移相集成触发器（还有 KJ 系列触发器）

此触发电路为正极性型电路，主要用于单相或三相全控桥装置。

其主要技术数据如下：

电源电压：DC 正负 15 V；

电源电流：正电流小于 15 mA，负电流小于 8 mA；

移相范围：0° ～ 170°；

脉冲宽度：15° ～ 35°；

脉冲幅度：大于 13 V；

最大输出能力：100 mA。

KC09 是 KC04 的改进型，二者可互换使用。

它与分立元件组成的锯齿波触发电路一样，由同步信号、锯齿波产生、移相控制、脉冲形成和放大输出等环节组成。

该电路在一个交流电周期内，在 1 脚和 15 脚输出相位差 180° 的两个窄脉冲，可以作为三相全控桥主电路同一相所接的上下晶闸管的触发脉冲，16 脚接 +15 V

电源，8 脚接同步电压，但由同步变压器送出的电压须经微调电位器 1.5 kΩ、电阻 5.1 kΩ 和电容 1 μF 组成的滤波移相，以消除同步电压高频谐波的浸入，提高抗干扰能力。4 脚形成锯齿波，9 脚为锯齿波、偏移电压、控制电压综合比较输入。13、14 脚提供脉冲列调制和脉冲封锁控制端。KC04 引出脚各点波形如图 1-57（a）所示。

2. KC41C 六路双脉冲形成器

KC41C 与三块 KC04 可组成三相全控桥双脉冲触发电路，把三块 KC04 触发器的 6 个输出端分别接到 KC41C 的 1 ～ 6 端，KC41C 内部二极管具有的“或”功能形成双窄脉冲，再由集成电路内部 6 只三极管放大，从 10 ～ 15 端外接的晶体管做功率放大可得到 800 mA 触发脉冲电流，可触发大功率的晶闸管。KC41C 不仅具有双脉冲形成功能，还可作为电子开关提供封锁控制的功能。KC41C 各管脚的脉冲波形如图 1-57（b）所示，与三块 FCO4 组成的三相全控桥双脉冲触发电路如图 1-58 所示。

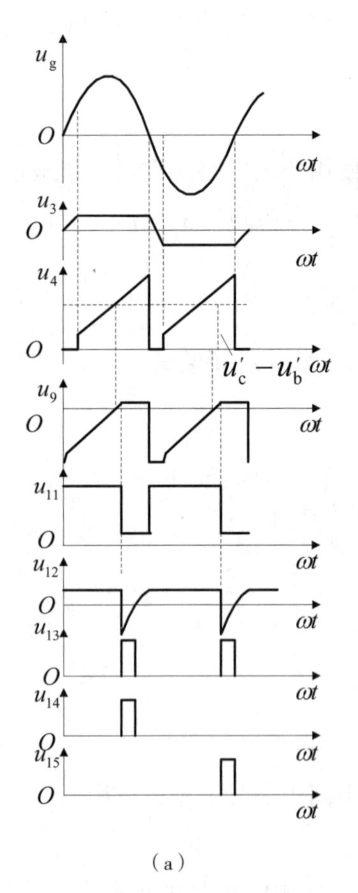

（a）

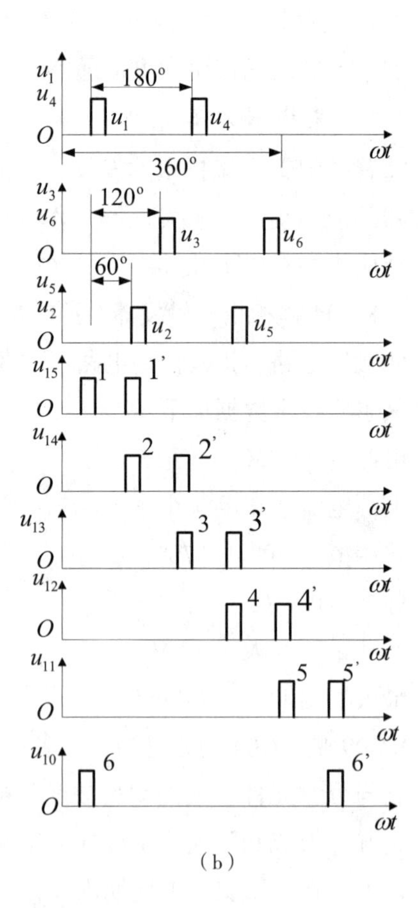

（b）

图 1-57　KC04 与 KC41C 电路各点电压波形

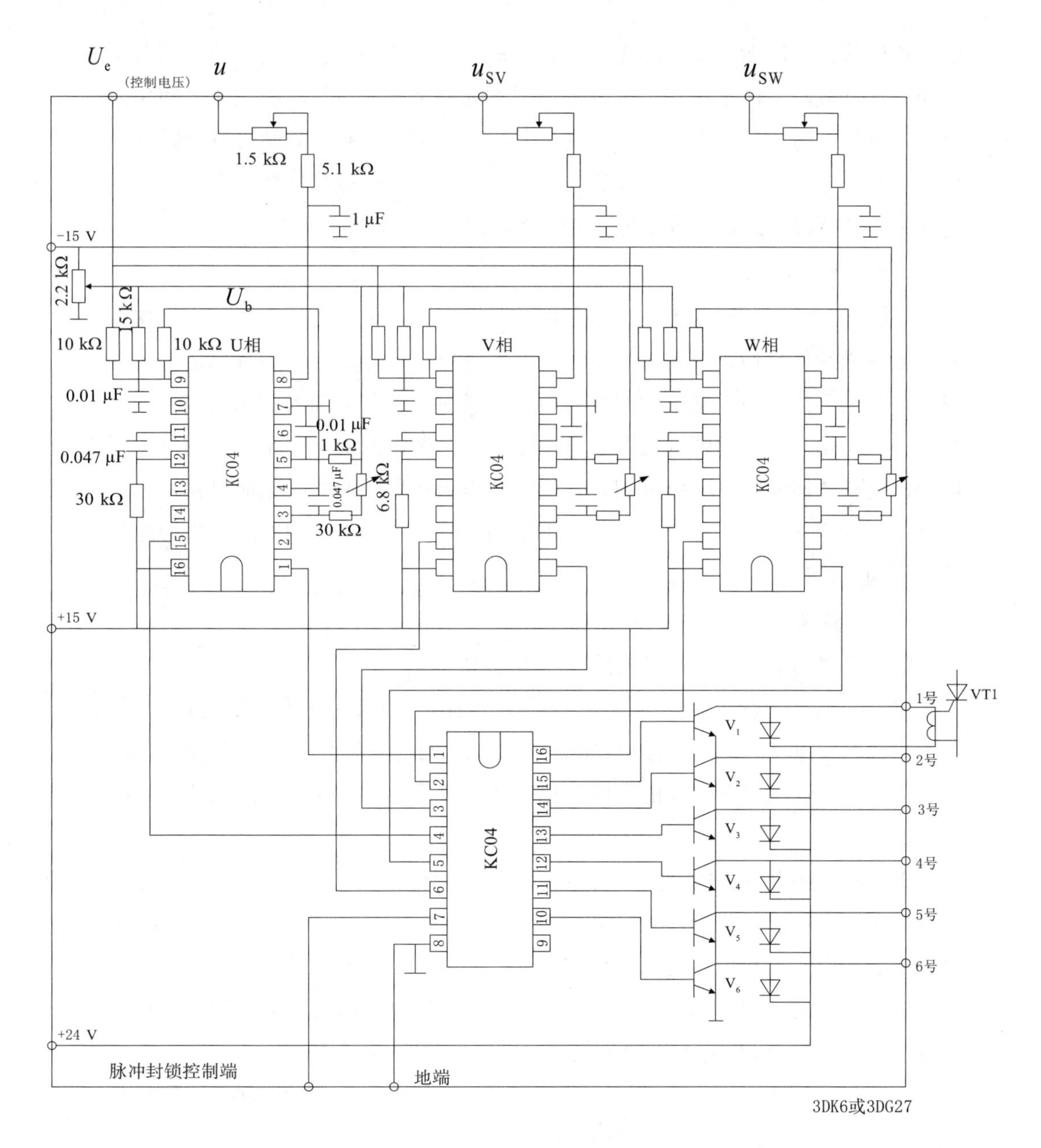

图 1–58　三相全控桥集成触发电路

四、触发电路与主电路电压的同步

制作或修理调整晶闸管装置时，经常会碰到这样一种故障现象：在单独检查晶闸管主电路时，接线正确，元件完好；单独检查触发电路时，各点电压波形、输出脉冲正常，调节控制电压 U_c 时，脉冲移相符合要求，但是当主电路与触发电路连接后，工作不正常，直流输出电压 u_d 波形不规则、不稳定，移相调节不能工作。这种故障是由于送到主电路各晶闸管的触发脉冲与其阳极电压之间相位没有正确对应，造成晶闸管工作时控制角不一致，甚至使有的晶闸管触发脉冲在阳极电压负值时出现，当然不能导通。怎样才能消除这种故障使装置工作正常呢？这就是本节要讨论的触发电路与主电路之间的同步（定相）问题。

（一）同步的定义

前面分析可知，触发脉冲必须在管子阳极电压为正时的某一区间内出现，晶闸管才能被触发导通，而在锯齿波移相触发电路中，送出脉冲的时刻是由接到触发电路不同相位的同步电压 u_s 来定位的，由控制与偏移电压大小来决定移相。因此，必须根据被触发晶闸管的阳极电压相位，正确供给触发电路特定相位的同步电压，这样才能使触发电路分别在各晶闸管需要触发脉冲的时刻输出脉冲。这种正确选择同步信号电压相位以及得到不同相位同步信号电压的方法，称为晶闸管装置的同步或定相。

（二）触发电路同步电压的确定

触发电路同步电压的确定包括以下两方面内容：

（1）根据晶闸管主电路的结构、所带负载的性质及采用的触发电路的形式，确定出该触发电路能够满足移相要求的同步电压与晶闸管阳极电压的相位关系。

（2）用三相同步变压器的不同连接方式或再配合阻容移相得到上述确定的同步电压。

下面用三相全控桥式电路带电感性负载来具体分析。

如图 1-59 主电路接线，电网三相电源为 U_1、V_1、W_1，经整流变压器 TR 供给晶闸管桥路，对应电源为 U、V、W，假定控制角为 0°，则 u_{g1} ～ u_{g6} 六个触发脉冲应在各自的自然换相点，依次相隔 60° 要保证每个晶闸管的控制角一致，六块触发板 1CF ～ 6CF 输入的同步信号电压 u_s 也必须依次相隔 60°。为了得到六个不同相位的同步电压，通常用一只三相同步变压器 TS，它具有两组二次绕组，二次侧得到相隔 60° 的六个同步信号电压分别输入六个触发电路。因此，只要一块触发板的同步信号电压相位符合要求，那其他五个同步信号电压相位也肯定正确。那么，每个触发电路的同步信号电压 u_s 与被触发晶闸管的阳极电压必须有怎样的相位关系呢？这决定于主电路的不同形式、不同的触发电路、负载性质以及不同的移相要求。

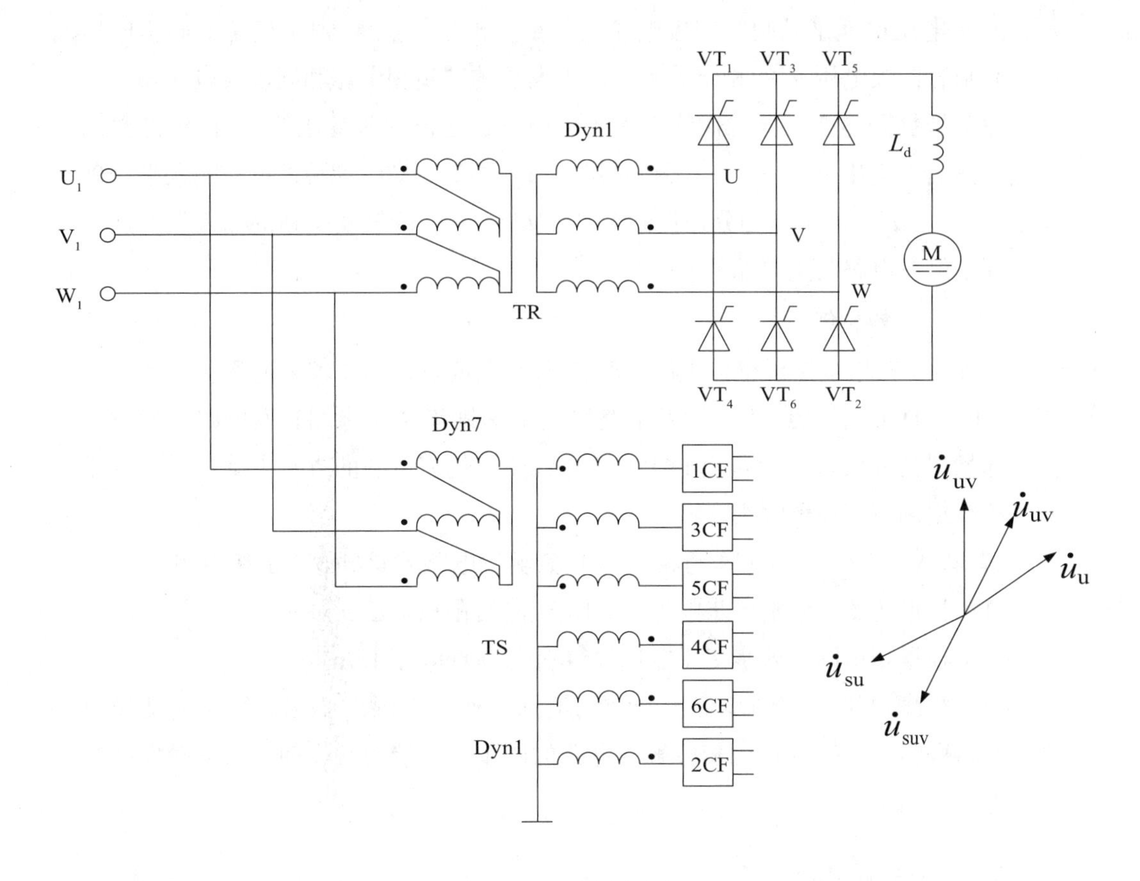

图 1–59　同步例图

例如：对于锯齿波同步电压触发电路，NPN 型晶体管时，同步信号负半周的起点对应于锯齿波的起点，通常使锯齿波的上升段为 240°，上升段起始的 30° 和终了的 30° 线性度不好，舍去不用，使用中间的 180°。锯齿波的中点与同步信号的 300° 位置对应，使 $U_d = 0$ 的触发角 α 为 90°。当 $\alpha < 90°$ 时为整流工作，$\alpha > 90°$ 时为逆变工作。将 $\alpha = 90°$ 确定为锯齿波的中点，锯齿波向前向后各有 90° 的移相范围。于是 $\alpha = 90°$ 与同步电压的 300° 对应，也就是 $\alpha = 0°$ 与同步电压的 210° 对应。$\alpha = 0°$ 对应于 u_u 的 30° 的位置，则同步信号的 180° 与 u_u 的 0° 对应，说明同步电压 u_s 应滞后于阳极电压 u_u 180°。

（三）实现同步的方法

实现同步的方法步骤如下：

（1）根据主电路的结构、负载的性质及触发电路的型式与脉冲移相范围的要求，确定该触发电路的同步电压 u_s 与对应晶闸管阳极电压 u_u 之间的相位关系。

（2）根据整流变压器 TR 的接法，以定位某线电压做参考矢量，画出整流变压器二次电压也就是晶闸管阳极电压的矢量，再根据步骤（1）确定的同步电压 u_s 与晶闸管阳极电压 u_u 的相位关系，画出电源的同步相电压和同步线电压矢量。

（3）根据同步变压器二次线电压矢量位置，定出同步变压器 TS 的钟点数的接法，然后确定出 u_{su}、u_{sv}、u_{sw} 分别接到 VT_1、VT_3、VT_5 管触发电路输入端；确定出 $u_{s(-u)}$、$u_{s(-v)}$、$u_{s(-w)}$ 分别接到 VT_4、VT_6、VT_2 管触发电路的输入端，这样就保证了触发电路与主电路的同步。

（四）同步举例

例 1-4 三相全控桥整流电路，直流电动机负载，不要求可逆运转，整流变压器 TR 为 Dyn1 接线组别，触发电路采用本书锯齿波同步的触发电路，考虑锯齿波起始段的非线性，故留出 60° 余量。试按简化相量图的方法来确定同步变压器的接线组别及变压器绕组联结法。

解 以 VT_1 管的阳极电压与相应的 1CF 触发电路的同步电压定相为例。

（1）根据题意，要求同步电压 u_s 相位应滞后阳极电压 u_u180°。

（2）根据相量图，同步变压器接线组别应为 Dyn7，Dyn1。

（3）根据已求得的同步变压器结线组别，就可以画出变压器绕组的结线组别，再将同步电压分别接到相应触发电路的同步电压接线端，即能保证触发脉冲与主电路的同步。

五、整流电路的保护

整流电路的保护主要是晶闸管的保护，因为晶闸管元件有许多优点，但与其他电气设备相比，其过电压、过电流能力差，短时间的过电流、过电压都可能造成元件损坏。为了使晶闸管装置能正常工作而不损坏，只靠合理选择元件还不行，还要设计完善的保护环节，以防不测。具体保护电路主要包括以下几方面。

（一）过电压保护

过电压保护有交流侧保护、直流侧保护和器件保护。过电压保护设置如图 1-60 所示。其中，H 属于器件保护，H 左边设置的是交流侧保护，H 右边设置的为直流侧保护。

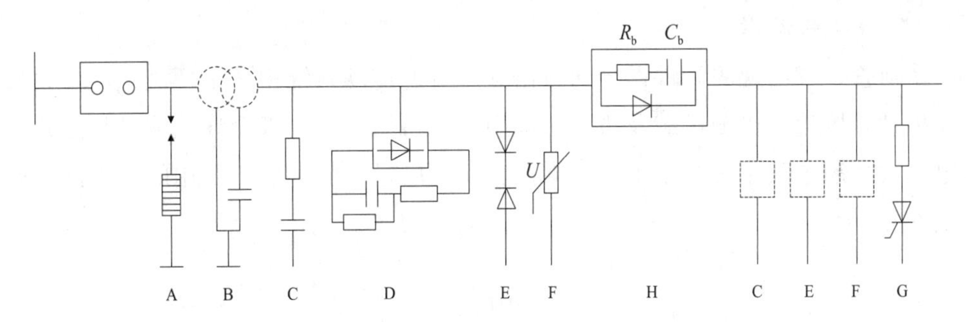

A—避雷器；B—接地电容；C—阻容保护；D—整流式阻容保护；E—硒堆保护；F—压敏保护；G—晶闸管泄能保护；H—换相过电压保护

图 1-60　晶闸管过电压保护设置图

1. 晶闸管的关断过电压及其保护

晶闸管关断引起的过电压，可达工作电压峰值的 5 ～ 6 倍，是由线路电感（主要是变压器漏感）释放能量而产生的。一般情况采用的保护方法是在晶闸管的两端并联 RC 吸收电路，如图 1-61 所示。

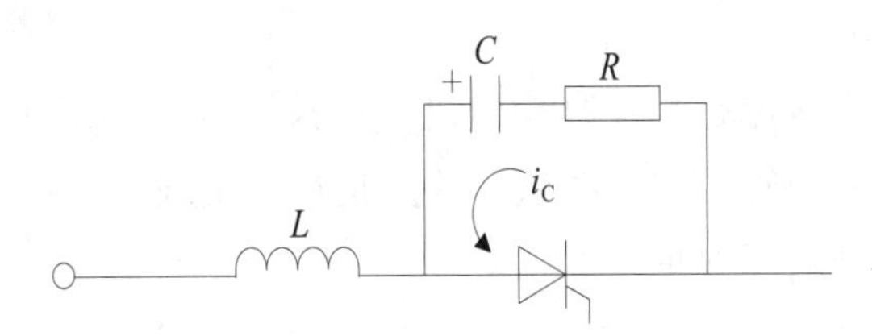

图 1-61　用阻容吸收抑止晶闸管关断过电压

2. 交流侧过电压保护

由于交流侧电路在接通或断开时感应出过电压，一般情况下能量较大，常用的保护措施如下：

（1）阻容吸收保护电路的应用广泛，性能可靠，但正常运行时，电阻上消耗功率，引起电阻发热，且体积较大，不能完全抑制能量较大的过电压。根据稳压管的稳压原理，目前较多采用非线性电阻吸收装置，常用的有硒堆与压敏电阻。

（2）硒堆就是成组串联的硒整流片。单相时用两组对接后再与电源并联，三相时用三组对接成 Y 形或用六组接成 D 形。

（3）压敏电阻是由氧化锌、氧化铋等烧结而成，每一颗氧化锌晶粒外面裹着一层薄薄的氧化锌，构成像硅稳压管一样的半导体结构，具有正反向都很陡的稳压特性。

3. 直流侧过电压的保护

保护措施一般与交流过电压保护一致。

（二）过电流保护

晶闸管装置出现的元件误导通或击穿、可逆传动系统中产生环流、逆变失败以及传动装置生产机械过载及机械故障引起电机堵转等，都会导致流过整流元件的电流大大超过其正常管子电流，即产生所谓的过电流。通常采用的保护措施如图 1-62 所示。

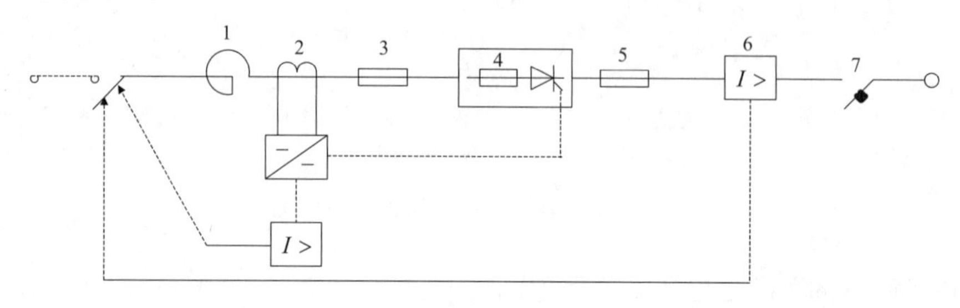

1—进线电抗限流；2—电流检测和过流继电器；3、4、5—快速熔断器；6—过电流继电器；7—直流快速开关

图 1-62　晶闸管装置可采用的过电流保护措施

1. 进线电抗限流

在交流进线中串接电抗器（称交流进线电抗）或采用漏抗较大的变压器是限制短路电流以保护晶闸管的有效办法，缺点是在有负载时要损失较大的电压降。

2. 灵敏过电流继电器保护

继电器可装在交流侧或直流侧，在发生过电流故障时动作，使交流侧自动开关或直流侧接触器跳闸。由于过电流继电器和自动开关或接触器动作需几百毫秒，故只能保护由于机械过载引起的过电流，或在短路电流不大时，才能对晶闸管起保护作用。

3. 限流与脉冲移相保护

交流互感器 TA 经整流桥组成交流电流检测电路得到一个能反映交流电流大小的电压信号去控制晶闸管的触发电路。当直流输出端过载，直流电流 I_d 增大时交流电流也同时增大，检测电路输出超过某一电压，使稳压管击穿，于是控制晶闸管的触发脉冲左移即控制角增大，使输出电压 U_d 减小，I_d 减小，以达到限流的目的，调节电位器即可调节负载电流限流值。当出现严重过电流或短路时，故障电流迅速上升，此时限流控制可能来不及起作用，电流就已超过允许值。在全控整流带大电感负载时，为了尽快消除故障电流，可控制晶闸管的触发脉冲快速左移到整流状态的移相范围之外，使输出端瞬时值出现负电压，电路进入逆变状态，将故障电流迅速衰减到 0，这种保护称为拉逆变保护。

4. 直流快速开关保护

在大容量、要求高、经常容易短路的场合，可采用装在直流侧的直流快速开关做直流侧的过载与短路保护。这种快速开关经特殊设计，它的开关动作时间只有 2 ms，全部断弧时间仅 25 ～ 30 ms，目前国内生产的直流快速开关为 DS 系列。从保护角度看，快速开关的动作时间和切断整定电流值应该和限流电抗器的电感相协调。

5. 快速熔断器保护

熔断器是最简单有效的保护元件，针对晶闸管、硅整流元件过流能力差的缺点，专门制造了快速熔断器，简称快熔。与普通熔断器相比，它具有快速熔断特性，通常能做到当电流 5 倍额定电流时，熔断时间小于 0.02 s，在流过通常的短路电流时，快熔能保证在晶闸管损坏之前，切断短路电流，故适用与短路保护场合。

（三）电压与电流上升率的限制

1. 晶闸管的正向电压上升率的限制

晶闸管在阻断状态下，晶闸管的 J_2 结面存在着结电容。当加在晶闸管上的正向电压上升率较大时，便会有较大的充电电流流过 J_2 结面，起到触发电流的作用，使晶闸管误导通。晶闸管的误导通会引起很大的浪涌电流，使快速熔断器熔断或使晶闸管损坏。

变压器的漏感和保护用的 RC 电路组成滤波环节，对过电压有一定的延缓作用，使作用于晶闸管的正向电压上升率大大地减小，因而不会引起晶闸管的误导通。晶闸管的阻容保护也有抑制的作用。

2. 电流上升率及其限制

晶闸管在导通瞬间，电流集中在门极附近，随着时间的推移导通区逐渐扩大，直到整个结面导通为止。在此过程中，电流上升率应限制在通态电流临界上升率以内，否则将导致门极附近过热，损坏晶闸管。在换相过程中，导通的晶闸管电流逐渐增大，产生换相电流上升率。通常由于变压器漏感的存在而受到限制。晶闸管换相过程中，相当于交流侧线电压短路，交流侧阻容保护电路电容中的储能很快释放，使导通的晶闸管产生较大的 $\mathrm{d}i/\mathrm{d}t$。采用整流式阻容保护，可以防止这一原因造成过大的 $\mathrm{d}i/\mathrm{d}t$。晶闸管换相结束时，直流侧输出电压瞬时值提高，使直流侧阻容保护有一个较大的充电电流，造成导通的晶闸管 $\mathrm{d}i/\mathrm{d}t$ 增大。采用整流式阻容保护，可以有效避免这一原因造成过大的 $\mathrm{d}i/\mathrm{d}t$。

【拓展知识】

中频电源广泛应用于熔炼、透热、淬火、焊接等领域，不同的应用领域对中频电源有不同的要求，因此中频电源的控制电路和主电路有不同的结构形式，只有在熟练掌握这些电路的基本工作原理和功率器件的基本特性的基础上，才能快速准确地分析判断故障原因，从而采取有效的措施排除故障。在此对常见故障及处理进行探讨。

一、常见故障分析

（一）开机设备不能正常起动

（1）故障现象：起动时直流电流大、直流电压和中频电压低、设备声音沉闷。

分析处理：逆变桥有一桥臂的晶闸管可能短路或开路造成逆变桥三臂桥运行。脉波器分别观察逆变桥的四个桥臂上的晶闸管管压降波形，若有一桥臂上的晶闸管的管压降波形为“—”线，该晶闸管已穿通；若为正弦波，该晶闸管未导通，应更换已穿晶闸管，并查找晶闸管未导通的原因。

（2）故障现象：起动时直流电流大、直流电压低、中频电压不能正常建立。

分析处理：补偿电容短路，断开电容用万用表查找短路电容，然后更换短路电容。

（二）设备能起动但工作状态不对

（1）故障现象：设备空载能起动但直流电压达不到额定值、直流平波电抗器有冲击声并伴随抖动。

分析处理：关掉逆变控制电源，在整流桥输出端上接上假负载，脉波器观察整流桥的输出波形，可看到整流桥输出缺相。波形缺相的原因可能如下：触发脉冲丢失；触发脉冲的幅值不够、宽度太窄，导致触发功率不够造成晶闸管时通时不通；双脉冲触发电路的脉冲时序不对或补脉冲丢失；晶闸管的控制极开路短路或接触不良。

（2）故障现象：设备能正常顺利起动，当功率升到某一值时过压或过流保护。

分析处理：分两步查找故障原因。第一，先将设备空载运行，观察电压能否升到额定值。若电压不能升到额定值并且多次在电压某一值附近过流保护，则可能是补偿电容或晶闸管的耐压不够造成的，但也不排除是电路某部分打火造成的；若电压能升到额定值，可将设备转入重载运行，观察电流值是否能达到额定值。第二，若电流不能升到额定值，且多次在电流某一值附近过流保护，则可能是大电流干扰，要特别注意中频大电流的电磁场对控制部分和信号线的干扰。

（三）设备正常运行时易出现的故障

（1）故障现象：设备运行正常，但在正常过流保护动作时烧毁多支 KP 晶闸管和快熔。

分析处理：过流保护时为了向电网释放平波电抗器的能量，整流桥由整流状态转到逆变状态，这时如果 $\alpha = 150°$，就有可能造成有源逆变颠覆烧毁多支晶闸管和快熔，开关跳闸，并伴随有巨大的电流短路爆炸声，对变压器产生较大的电流和电磁力冲击，严重时会损坏变压器。

（2）故障现象：设备运行正常但旁路电抗器发热烧毁。

分析处理：造成旁路电抗器发热烧毁的主要原因如下：旁路电抗器自身质量不好；逆变电路存在不对称运行，造成逆变电路不对称运行的主要原因来源于信号回路。

（四）晶闸管

故障现象：更换晶闸管后一开机就烧毁晶闸管 。

分析处理：设备出故障烧毁晶闸管，在更换新晶闸管后不要马上开机，应先对设备进行系统检查排除故障，在确认设备无故障的情况下再开机，否则就会出现一开机就烧毁晶闸管的现象。在压装新晶闸管时一定要注意压力均衡，否则就会造成晶闸管内部芯片机械损伤，导致晶闸管的耐压值大幅下降，出现一开机就烧毁晶闸管的现象。

二、中频感应加热设备检修技巧

一般情况下，可以把中频感应加热设备的故障按照故障现象分为完全不能起动和起动后不能正常工作两大类。当出现故障后，应在断电的情况下对整个系统做出全面检查，它包括以下几个方面。

（一）系统检查

1. 电源

指用表测一下主电路开关（接触器）和控制保险丝后面是否有电，这将排除这些元件断路的可能性。

2. 整流器

整流器采用三相全控桥式整流电路，它包括六个快速熔断器、六个晶闸管、六个脉冲变压器和一个续流二极管。在快速熔断器上有一个红色的指示器，正常时指示器缩在外壳里边，当快熔烧断后它将弹出；有些快熔的指示器较紧，当快熔烧断后，它会卡在里面。所以，为可靠起见，可以用万用表通断档测一下快熔，以判断它是否烧断。

3. 逆变器

逆变器包括四只快速晶闸管和四只脉冲变压器，可以按上述方法检查。

4. 变压器

每个变压器的每个绕组都应该是通的，一般原边阻值约有几十欧姆，次极约有几欧姆。应该注意，中频电压互感器的原边与负载并联，所以其电阻值为零。

5. 电容器

与负载并联的电热电容器可能被击穿，电容器一般分组安装在电容器架上，检查时应先确定被击穿电容器所在的组。断开每组电容器的汇流母排与主汇流排之间的连接点，测量每组电容器两个汇流排间的电阻，正常时应为无穷大。确认损坏的组后，再断开每台电热电容器引至汇流排的软铜皮，逐台检查即可找到击穿的电容器。每台电热电容器由四个芯子组成，外壳为一极，另一极分别通过四个绝缘子引到端盖上，一般只会有一个芯子被击穿，跳开这个绝缘子上的引线，这台电容器可以继续使用，其容量是原来的 3/4。电容器的另一个故障是漏油，一般不影响使用，但要注意防火。安装电容器的角钢与电容器架是绝缘的，如果绝缘击穿将使主回路接地，测量电容器外壳引线和电容器架之间的电阻，可以判断这部分的绝缘状况。

（二）对启动以后工作不正常的检修

通过上列检查，基本上能排除完全不能启动的故障。启动以后工作不正常，一般表现在以下两方面。

1. 整流器缺相

故障表现为工作时声音不正常，最大输出电压升不到额定值，电源柜怪叫声大，这时可以调低输出电压在 200 V 左右，脉波器观察整流器的输出电压波形（示波器应置于电源同步），正常时输入电压波形每周期有六个波形，缺相时会缺少两个。这一故障一般是由于整流器某只晶闸管没有触发脉冲或触发不导通引起的，这时应先用示波器看一下六个整流晶闸管的门极脉冲，如果有的话，关机后用万用表 200 Ω 挡测量一下各个门极电阻，将不通或者 200 Ω 极电阻特别大的那只晶闸管换掉即可。

2. 感应线圈故障

感应线圈是中频电源的负载，它采用壁厚 3 ～ 5 mm 的方形紫铜管制成。它的常见故障有以下几种：感应线圈漏水，这可能引起线圈匝间打火，必须及时补焊才能运行；钢水粘在感应线圈上，钢渣发热、发红，会引起铜管烧穿，必须及时清除干净；感应线圈匝间短路，这类故障在小型中频感应炉上特别容易发生，因为炉子小，在工作时受热应力作用而变形，导致匝间短路，故障表现为电流较大，工作频率比平常时高。

中频电源的故障现象是多种多样的，对具体故障要做具体分析。

思考题与习题

1-22 感应加热的基本原理是什么？加热效果与电源频率大小有什么关系？

1-23 中频感应加热炉的直流电源的获得为什么要用可控整流电路？

1-24 试简述平波电抗器的作用。

1-25 中频感应加热与普通的加热装置比较有哪些优点？中频感应加热能否用来加热绝缘材料构成的工件？

1-26 三相半波可控整流电路中，如果三只晶闸管共用一套触发电路，如图1-63所示，每隔120°同时给三只晶闸管送出脉冲，电路能否正常工作？此时电路带电阻性负载时的移相范围是多少？

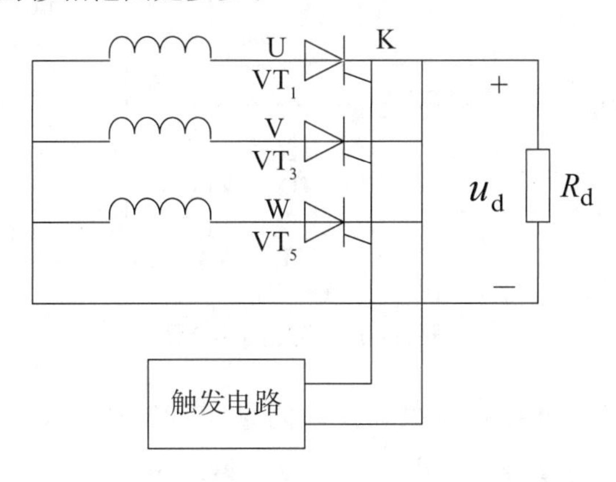

图1-63　习题1-26图

1-27 三相半波可控整流电路带电阻性负载时，如果触发脉冲出现在自然换相点之前15°处，试分析当触发脉冲宽度分别为10°和20°时电路能否正常工作？并画出输出电压波形。

1-28 如图1-64所示，熔断器FU能否用普通的熔断器？RC吸收回路的作用？电阻R的作用？大小怎样选择？

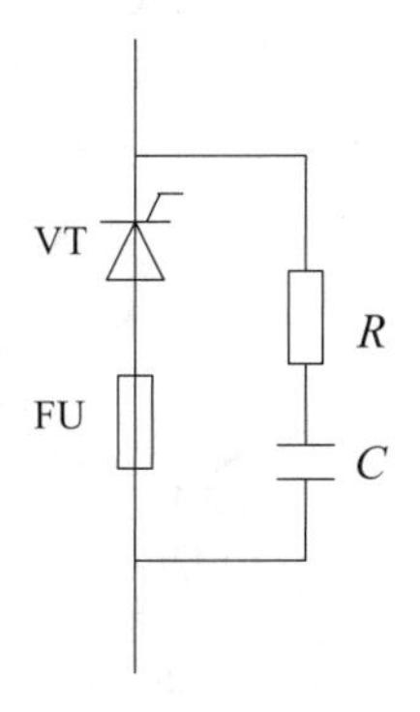

图1-64　习题1-28图

1-29 图 1-65 为三相全控桥整流电路，试分析在控制角 $\alpha = 60^{\circ}$ 时发生如下故障的输出电压 U_d 的波形。

（1）熔断器 FU_1 熔断。

（2）熔断器 FU_4 熔断。

（3）熔断器 FU_4、FU_5 熔断。

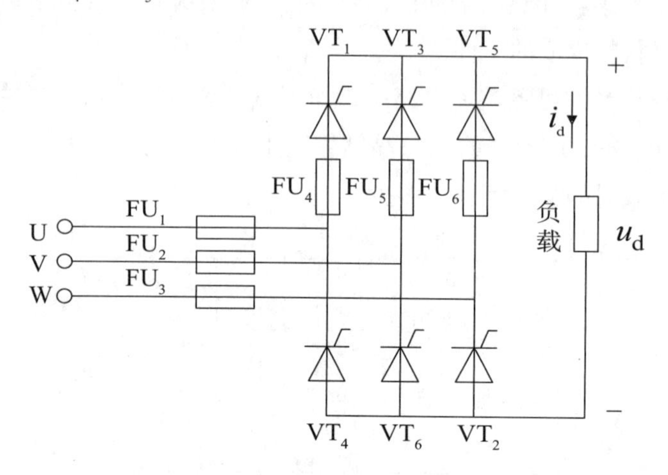

图 1-65　习题 1-29 图

1-30 三相半波可控整流电路，电阻性负载，VT_1 管无触发脉冲，试画出 $\alpha = 15^{\circ}$、$\alpha = 60^{\circ}$ 两种情况下输出电压和 VT_2 两端电压波形。

1-31 图 1-66 为两相零式可控整流电路，直接由三相交流电源供电，

（1）画出控制角 $\alpha = 0^{\circ}$、$\alpha = 60^{\circ}$ 时的输出电压波形。

（2）控制角 α 的移相范围多大？

（3）计算 $U_{d\max}$ 和 $U_{d\min}$ 的值。

（4）推导 U_d 的计算公式。

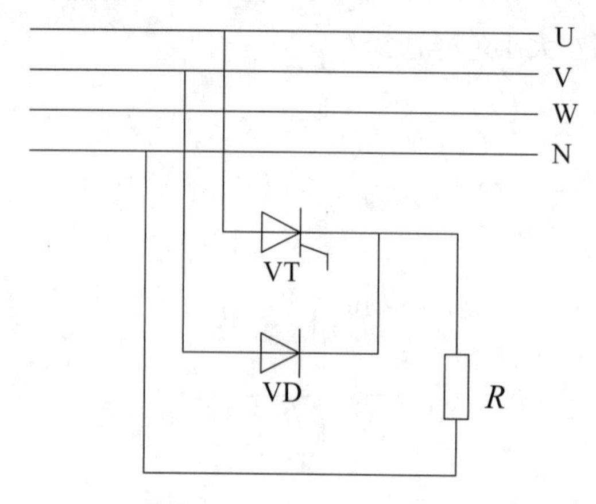

图 1-66　习题 1-31 图

1-32 三相全控桥式整流电路，$L_d = 0.2$ H，$R_d = 4\ \Omega$，要求 U_d 从 0 ～ 220 V 之间变化，试求：

（1）不考虑控制角裕量，整流变压器二次线电压是多少？

（2）计算晶闸管电压、电流值；如果电压、电流裕量取 2 倍，选择晶闸管型号。

（3）变压器二次电流有效值。

（4）计算整流变压器二次容量。

（5）$\alpha = 0°$ 时，电路功率因数。

（6）当触发脉冲距对应二次侧相电压波形原点为何处时，U_d 为零？

1-33 三相半波可控整流电路，负载为大电感负载，如果 U 相晶闸管脉冲丢失，试画出 $\alpha = 0°$ 时的输出电压波形。

1-34 触发电路中设置的控制电压 U_c 与偏移电压 U_b 各起什么作用？在使用中如何调整？

1-35 锯齿波同步触发电路由哪些基本环节组成？锯齿波的底宽由什么参数决定？输出脉宽如何调整？输出脉冲的移相范围与哪些参数有关？

1-36 锯齿波触发电路是怎样发出双窄触发脉冲的？

1-37 如何确定控制电路和主电路相位是否一致？触发电路输出脉冲与其所对应控制的晶闸管怎样才能相一致？

1-38 若用示波器观察三相桥式全控整流电路波形分别如图 1-67（a）～（e）所示，试判断电路的故障。

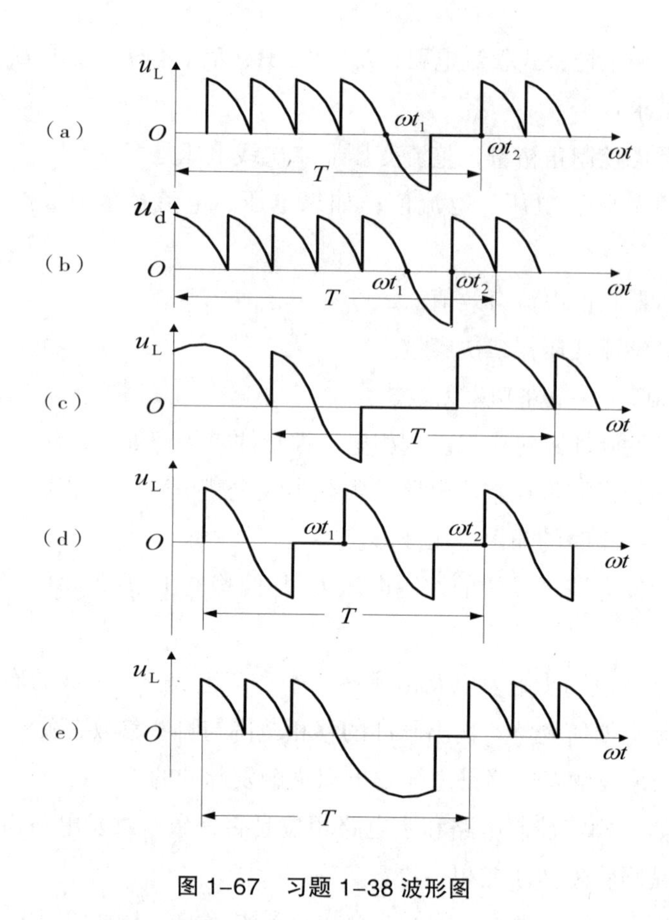

图 1-67　习题 1-38 波形图

1-39　如果用示波器测出三相全控桥电感性负载输出电压波形如图 1-68 所示，试分析原因及如何解决。

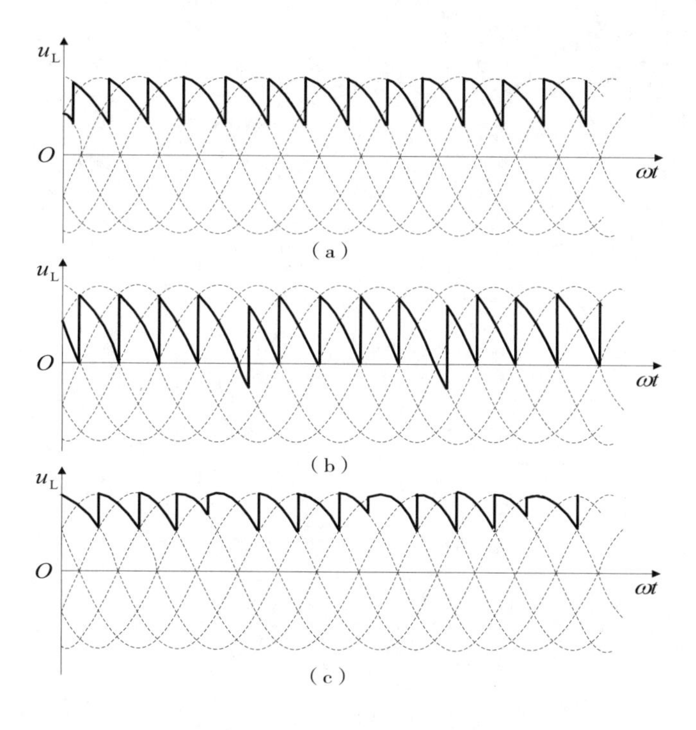

图 1-68　习题 1-39 图

1-40 感应加热装置中，整流电路和逆变电路对触发电路的要求有何不同?

1-41 同步电压为锯齿波的触发电路有何优缺点? 这种电路一般有哪几部分组成? 电路的输出脉冲宽度如何调整?

1-42 逆变电路常用的换流方式有哪几种?

1-43 并联谐振逆变电路的并联电容有什么作用? 电容补偿为什么要过补偿一点?

1-44 试简述中频感应加热装置的调试步骤和方法以及调试过程中的注意事项。

模块二　逆变电路

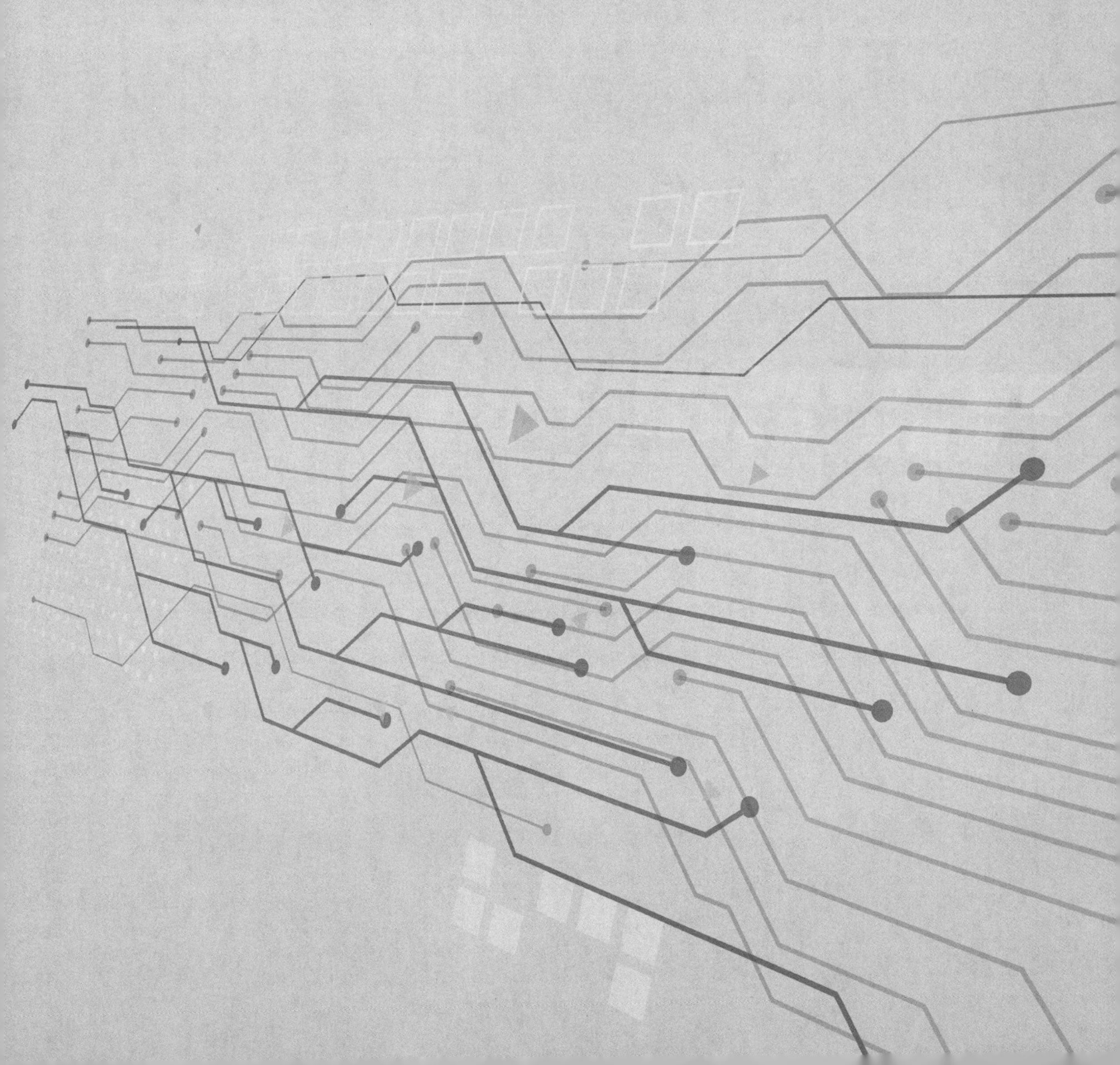

课题一　绕线式异步电动机晶闸管串级调速

【课题描述】

绕线式异步电动机晶闸管串级调速，主要是通过在绕线式异步电动机的转子回路中串联晶闸管逆变器，借以引入附加可调电动势，从而控制电动机转速。它的优点是能将电动机的转差功率回馈电网，效率较高、结构简单、价格较低。考虑到变流器的容量不宜太大，故其调速范围一般不大于 2 ～ 3，因此晶闸管串级调速适用于调速范围较小的电动机，如风机和泵类负载等装置，以作为一种有效的节能措施。目前，国内外许多著名的电气公司都生产了串级调速系列的产品。

绕线式异步电动机晶闸管串级调速系统主电路原理如图 2-1 所示。电动机的启动通常采用接触器控制接在转子回路的频敏变阻器来实现。当电动机转速稳定，忽略直流回路电阻时则整流桥的直流电压 U_d 与逆变侧电压 U_d 大小相等，方向相反。

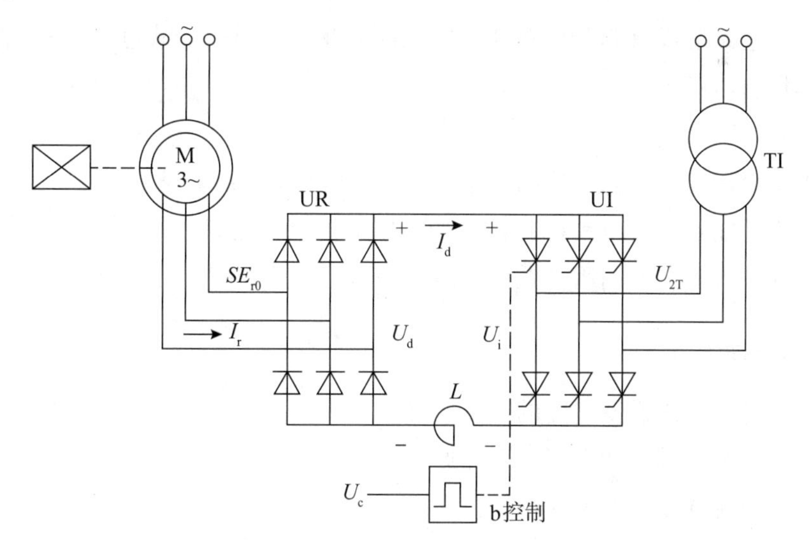

图 2-1　绕线式异步电动机晶闸管串级调速系统主电路原理

电动机稳态时

$$2.34sE_{20}=2.34u_{T2}\cos\beta+I_d(R_d+R_\beta+R_L) \tag{2-1}$$

如果系统中的负载保持不变，则电动机会加速，转差率 s 减小，sE_{20} 也就减小，I_d 减小，达到另一个动态平衡。

在上述的电路中，为了防止逆变颠覆，逆变角的取值范围为 $30° \leqslant \beta \leqslant 90°$，$\beta$ 取得最小值 30°，电动机最低速运行，β 取得最大值 90°，电动机最高速运行。

（一）起动

对串级调速系统而言，起动应有足够大的转子电流 I_r 或足够大的整流后直流电流 I_d，为此，转子整流电压 U_d 与逆变电压 U_β 间应有较大的差值。

起动控制：控制逆变角 β，使在起动开始的瞬间，U_d 与 U_β 的差值能产生足够大的 I_d，以满足所需的电磁转矩，但又不超过允许的电流值，这样电动机就可在一定的动态转矩下加速起动。

随着转速的增高，相应地增大 β 角以减小值 U_β，从而维持加速过程中动态转矩基本恒定。

（二）调速

调速原理：通过改变 β 角的大小调节电动机的转速。

调速过程：随着转速的增高，相应地增大 β 角以减小值 U_β，从而维持加速过程中动态转矩基本恒定 。

（三）停车

串级调速系统没有制动停车功能。只能靠减小 β 角逐渐减速，并依靠负载阻转矩的作用自由停车。

结论：

（1）串级调速系统能够靠调节逆变角 β 实现平滑无级调速。

（2）系统能把异步电动机的转差功率回馈给交流电网，从而使扣除装置损耗后的转差功率得到有效利用，大大提高了调速系统的效率。

【学习目标】

- 掌握单相有源逆变电路的工作原理。
- 掌握三相有源逆变电路的工作原理。
- 了解有源逆变电路的应用。

【相关知识】

一、有源逆变的工作原理

整流与有源逆变的根本区别就表现在两者能量传送方向的不同。一个相控整流电路，只要满足一定条件，也可工作于有源逆变状态。这种装置称为变流装置或变流器。

（一）两电源间的能量传递

如图 2-2 所示，我们来分析一下两个电源间的功率传递问题。

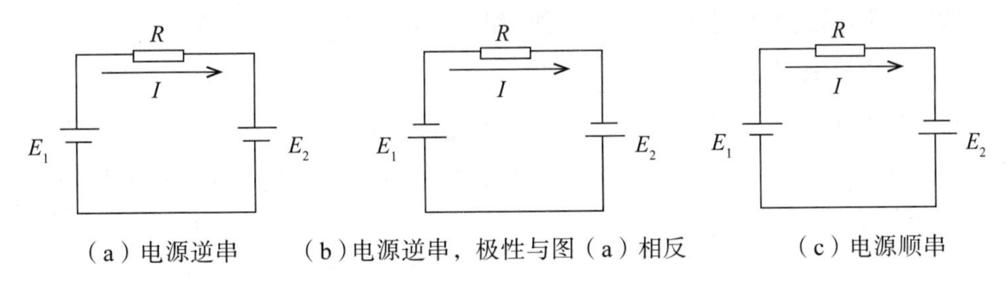

图 2-2　两个直流电源间的功率传递

图 2-2（a）为两个电源同极性连接，称为电源逆串。当 $E_1 > E_2$ 时，电流 I 从 E_1 正极流出，流入 E_2 正极，为顺时针方向，其大小为

$$I=\frac{E_1-E_2}{R} \tag{2-2}$$

在这种连接情况下，电源 E_1 输出功率 $P_1 = E_1I$，电源 E_2 则吸收功率 $P_2 = E_2I$，电阻 R 上消耗的功率为 $P_R = P_1 - P_2 = RI^2$，P_R 为两电源功率之差。

图 2-2（b）也是两电源同极性相连，但两电源的极性与（a）图正好相反。当 $E_2 > E_1$ 时，电流仍为顺时针方向，但是从 E_2 正极流出，流入 E_1 正极，其大小为

$$I=\frac{E_2-E_1}{R} \tag{2-3}$$

在这种连接情况下，电源 E_2 输出功率，而 E_1 吸收功率，电阻 R 仍然消耗两电源功率之差，即

$$P_R = P_2 - P_1 \tag{2-4}$$

图 2-2（c）为两电源反极性连接，称为电源顺串。此时电流仍为顺时针方向，大小为

$$I=\frac{E_1+E_2}{R} \tag{2-5}$$

此时电源 E_1 与 E_2 均输出功率，电阻上消耗的功率为两电源功率之和：

$$P_R = P_1 + P_2 \tag{2-6}$$

若回路电阻很小，则 I 很大，这种情况相当于两个电源间短路。

通过上述分析，我们可以得出以下结论：

（1）无论电源是顺串还是逆串，只要电流从电源正极端流出，则该电源就输出功率；反之，若电流从电源正极端流入，则该电源就吸收功率。

（2）两个电源逆串连接时，回路电流从电动势高的电源正极流向电动势低的电源正极。如果回路电阻很小，即使两电源电动势之差不大，也可产生足够大的回路电流，使两电源间交换很大的功率。

（3）两个电源顺串时，相当于两电源电动势相加后再通过 R 短路，若回路电阻 R 很小，则回路电流会非常大，这种情况在实际应用中应当避免。

（二）有源逆变的工作原理

在上述两电源回路中，若用晶闸管变流装置的输出电压代替 E_1，用直流电机的反电动势代替 E_2，就成了晶闸管变流装置与直流电机负载之间进行能量交换的问题，如图 2-3 所示。

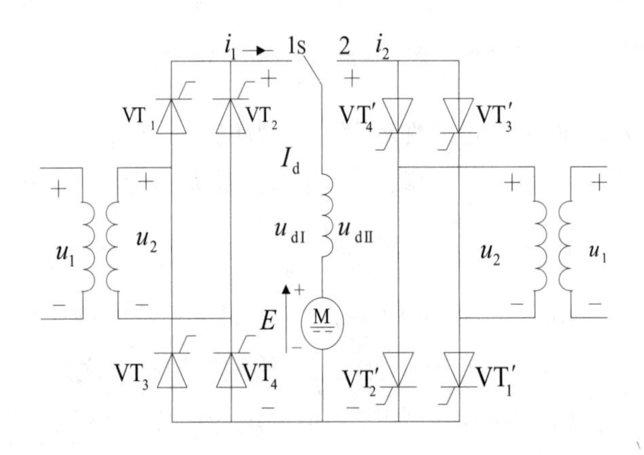

（a）电路图

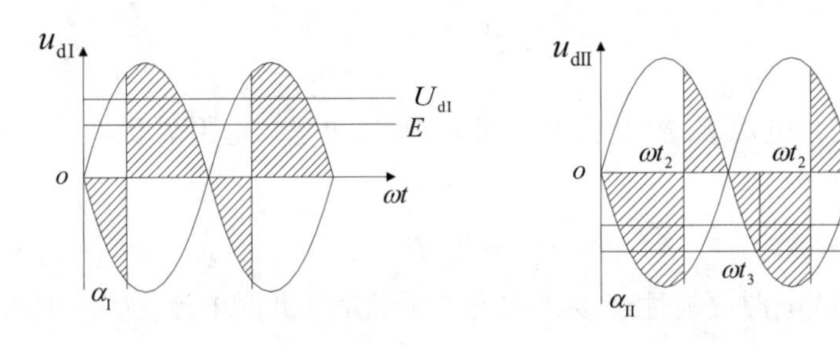

（b）整流状态下的波形图　　（c）逆变状态下的波形图

图 2-3　单相桥式变流电路整流与逆变原理

图 2-3（a）中有两组单相桥式变流装置，均可通过开关 S 与直流电动机负载相连。将开关拨向位置 1，且让 I 组晶闸管的控制角 $\alpha_1 < 90°$，则电路工作在整流状态，输出电压 U_{dI} 上正下负，波形如图 2-3（b）所示。此时，电动机做电动运行，电动机的反电动势 E 上正下负，并且通过调整 α 角使 $|U_{dI}|>|E|$，则交流电压通过 I 组晶闸管输出功率，电动机吸收功率。负载中电流 I_d 值为

$$I_{\rm d} = \frac{U_{\rm dI} - E}{R} \quad (2\text{-}7)$$

将开关 S 快速拨向位置 2。由于机械惯性，电动机转速不变，则电动机的反电动势 E 不变，且极性仍为上正下负。此时，若仍按控制角 $\alpha_{\rm u} < 90°$ 触发Ⅱ组晶闸管，则输出电压$U_{\rm dU}$为上正下负，与 E 形成两电源顺串连接。这种情况与图 2-3（c）所示相同，相当于短路事故，因此不允许出现。

若当开关 S 拨向位置 2 时，又同时触发脉冲控制角调整到 $\alpha_{\rm u} > 90°$，则Ⅱ组晶闸管输出电压$U_{\rm dU}$将为上负下正，波形如图 2-3（c）所示。假设由于惯性原因电动机转速不变，反电动势不变，并且调整 α 角使$|U_{\rm dU}|<|E|$，则晶闸管在 E 与 u_2 的作用下导通，负载中电流为

$$I_{\rm d} = \frac{E - U_{\rm dII}}{R} \quad (2\text{-}8)$$

这种情况下，电动机输出功率，运行于发电制动状态，Ⅱ组晶闸管吸收功率并将功率送回交流电网。这种情况就是有源逆变。

由以上分析及输出电压波形可以看出，逆变时的输出电压控制有的是与整流时相同，计算公式仍为

$$U_{\rm d} = 0.9U_2 \cos\alpha \quad (2\text{-}9)$$

因为此时控制角 α 大于 90°，使得计算出来的结果小于零，为了计算方便，我们令 $\beta = 180° - \alpha$，称 β 为逆变角，则

$$U_{\rm d} = 0.9U_2 \cos\alpha = 0.9U_2 \cos(180^o - \beta) = -0.9U_2 \cos\beta \quad (2\text{-}10)$$

综上所述，实现有源逆变必须满足下列条件：

（1）变流装置的直流侧必须外接电压极性与晶闸管导通方向一致的直流电源，且其值稍大于变流装置直流侧的平均电压。

（2）变流装置必须工作在 $\beta < 90°$（即 $\alpha > 90°$）区间，使其输出直流电压极性与整流状态时相反，才能将直流功率逆变为交流功率送至交流电网。

上述两条必须同时具备才能实现有源逆变。为了保持逆变电流连续，逆变电路中都要串接大电感。

需要指出的是，关控桥或接有续流二极管的电路，因它们不可能输出负电压，也不允许直流侧接上直流输出反极性的直流电动势，所以并不能实现有源逆变。

二、三相有源逆变电路

常用的有源逆变电路，除单相全控桥电路外，还有三相半波和三相全控桥电

路等。三相有源变电路中，变流装置的输出电压与控制角 α 之间的关系仍与整流状态时相同，即

$$U_{\mathrm{d}} = U_{\mathrm{d0}} \cos \alpha \tag{2-11}$$

逆变时 $90° < \alpha < 180°$，使 $U_{\mathrm{d}} < 0$。

（一）三相半波有源逆变电路

图 2-4 为三相半波有源逆变电路。电路中电动机产生的电动势 E 为上负下正，令控制角 $\alpha > 90°$，以使 U_{d} 为上负下正，且满足 $|E| > |U_{\mathrm{d}}|$，则电路符合有源逆变的条件，可实现有源逆变。逆变器输出直流电压 U_{d}（U_{d} 的方向仍按整流状态时的规定，从上至下为 U_{d} 的正方向）的计算式为：

$$U_{\mathrm{d}} = U_{\mathrm{d_0}} \cos \alpha = -U_{\mathrm{d_0}} \cos \beta = -1.17 U_2 \cos \beta (\alpha > 90^o) \tag{2-12}$$

式中：U_{d} 为负值，即 U_{d} 的极性与整流状态时相反。

输出直流电流平均值为

$$I_{\mathrm{d}} = \frac{E - U_{\mathrm{d}}}{R_{\Sigma}} \tag{2-13}$$

式中：R_{Σ} 为回路的总电阻。

电流从 E 的正极流出，流入 U_{d} 的正端，即 E 端输出电能，经过晶闸管装置将电能送给电网。

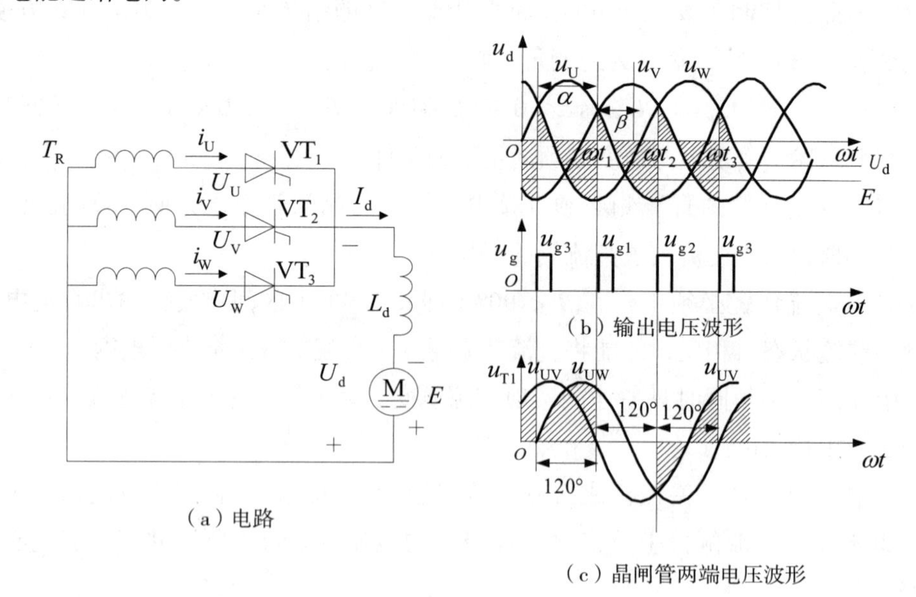

（a）电路

（b）输出电压波形

（c）晶闸管两端电压波形

图 2-4　三相半波有源逆变电路

下面以 $\beta = 60°$ 为例对其工作过程做出分析。在 $\beta = 60°$ 时，即 ωt_1 时刻触发脉冲 U_{g1} 触发晶闸管 $\mathrm{VT_1}$ 导通。即使 U_{U} 相电压为零或负值，但由于有电动势 E

的作用，VT_1 仍可能承受正压而导通。则电动势 E 提供能量，有电流 I_d 流过晶闸管 VT_1，输出电压波形 $U_d = U_U$。然后，与整流时一样，按电源相序每隔 120° 依次轮流触发相应的晶闸管使之导通，同时关断前面导通的晶闸管，实现依次换相，每个晶闸管导通 120°。输出电压 u_d 的波形如图 2-4（b）所示，其直流平均电压 U_d 为负值，数值小于电动势 E。

图 2-4（c）中画出了晶闸管 VT_1 两端电压 u_{T_1} 的波形。在一个电源周期内，VT_1 导通 120° 角，导通期间其端电压为零，随后的 120° 内是 VT_2 导通，VT_1 关断，VT_1 承受线电压 u_{UV}，再后的 120° 内是 VT_3 导通，VT_1 承受线电压 u_{UW}。由端电压波形可见，逆变时晶闸管两端电压波形的正面积总是大于负面积，而整流时则相反，正面积总是小于负面积。只有 $\alpha = \beta$ 时，正负面积才相等。

下面以 VT_1 换相到 VT_2 为例，简单说明一下图中晶闸管换相的过程。在 VT_1 导通时，到 ωt_2 时刻触发 VT_2，则 VT_2 导通，与此同时使 VT_1 承受 U、V 两相间的线电压 u_{UV}。由于 $u_{UV} < 0$，故 VT_1 承受反向电压而被迫关断，完成了 VT_1 向 VT_2 的换相过程。其他管的换相可由此类推。

（二）三相全控桥有源逆变电路

图 2-5 为三相全控桥带电动机负载的电路。当 $\alpha < 90°$ 时，电路工作在整流状态；当 $\alpha > 90°$ 时，电路工作在逆变状态。两种状态除 α 角的范围不同外，晶闸管的控制过程是一样的，即都要求每隔 60° 依次轮流触发晶闸管使其导通 120°，触发脉冲都必须是宽脉冲或双窄脉冲。逆变时输出直流电压的计算式为

$$U_d = U_{d_0}\cos\alpha = -U_{d_0}\cos\beta = -2.34U_2\cos\beta(\alpha > 90^o) \qquad (2\text{-}14)$$

图 2-5 为 $\beta = 30°$ 时三相全控桥直流输出电压 u_d 的波形。共阴极组晶闸管 VT_1、VT_3、VT_5 分别在脉冲 U_{g_1}、U_{g_3}、U_{g_5} 触发时换流，由阳极电位低的管子导通换到阳极电位高的管子导通，因此相电压波形在触发时上跳；共阳极组晶闸管 VT_2、VT_4、VT_6 分别在脉冲 U_{g_2}、U_{g_4}、U_{g_6} 触发时换流，由阴极电位高的管子导通换到阴极电位低的管子导通，因此在触发时相电压波形下跳。晶闸管两端电压波形与三相半波有源逆变电路相同。

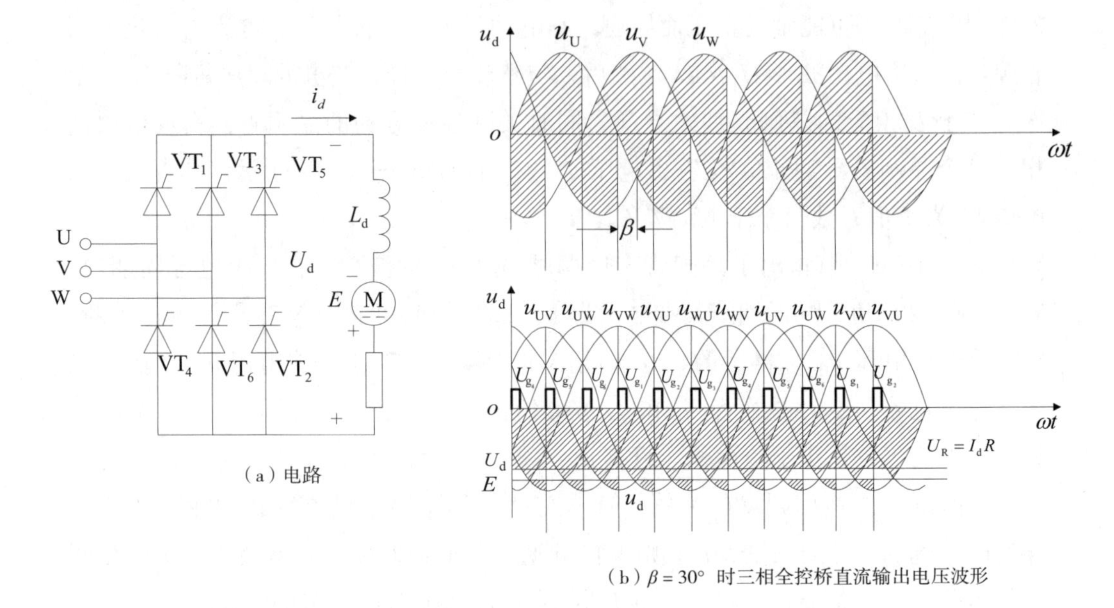

（a）电路

（b）$\beta = 30°$ 时三相全控桥直流输出电压波形

图 2-5　三相全控桥式有源逆变电路

（a）电路（b）$\beta = 30°$ 时三相全控桥直流输出电压波形

下面再分析一下晶闸管的换流过程。设触发方式为双窄脉冲方式，在 VT_5、VT_6 导通期间，发 U_{g_1}、U_{g_6} 脉冲，则 VT_6 继续导通，而 VT_1 在被触发之前，由于 VT_5 处于导通状态，已使其承受正向电压 u_{UW}，所以一旦触发，VT_1 即可导通，若不考虑换相重叠的影响，当 VT_1 导通之后，VT_5 就会因承受反向电压 u_{WU} 而关断，从而完成了从 VT_5 到 VT_1 的换流过程，其他管的换流过程可由此类推。

应当指出，传统的有源逆变电路开关元件通常采用普通晶闸管，但近年来出现的可关断晶闸管既具有普通晶闸管的优点，又具有自关断能力，工作频率也较高，因此在逆变电路中很有可能取代普通晶闸管。

（三）逆变失败与逆变角的限制

1. 逆变失败的原因

晶闸管变流装置工作有逆变状态时，如果出现电压 U_d 与直流电动势 E 顺向串联，则直流电动势 E 通过晶闸管电路形成短路，由于逆变电路总电阻很小，必然形成很大的短路电流，造成事故，这种情况称为逆变失败，或称为逆变颠覆。

现以单相全控桥式逆变电路为例说明。在图 2-6 所示电路中，原本是 VT_2 和 VT_3 导通，输出电压u_2'；在换相时，应由 VT_3、VT_4 换相为 VT_1 和 VT_2 导通，输出电压为u_2。但由于逆变角 β 太小，小于换相重叠角 γ，因此在换相时，两组晶闸管会同时导通。而在换相重叠完成后，已过了自然换相点，使得u_2'为正，而u_2

为负，VT_1 和 VT_4 因承受反压不能导通，VT_3 和 VT_4 则承受正压继续导通，输出 u_2'，这样就出现了逆变失败。

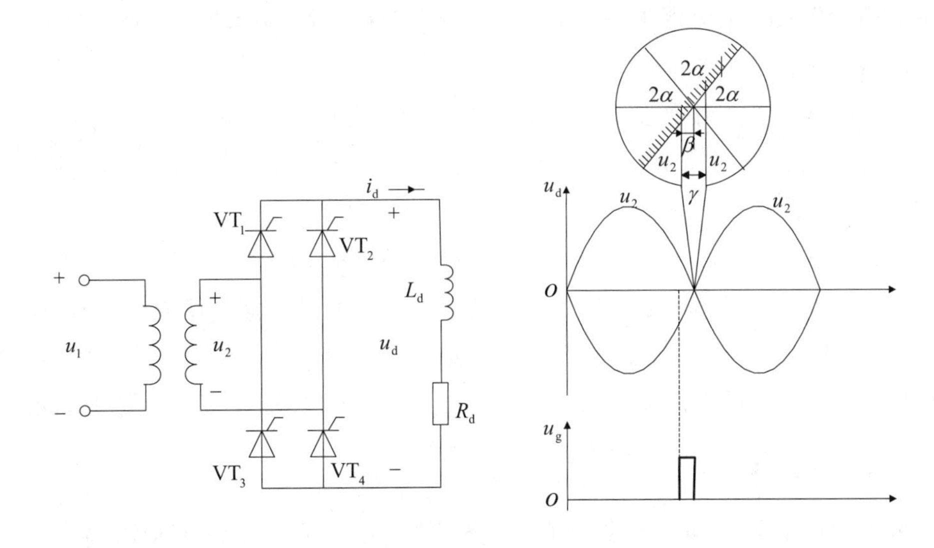

图 2–6　有源逆变换流失败

造成逆变失败的原因主要有以下几种情况：

（1）触发电路故障

诸如触发脉冲丢失、脉冲延时等不能适时、准确地向晶闸管分配脉冲的情况，均会导致晶闸管不能正常换相。

（2）晶闸管故障

诸如晶闸管失去正常导通或阻断能力，该导通时不能导通，该阻断时不能阻断，均会导致逆变失败。

（3）逆变状态时交流电源突然缺相或消失

由于此时变流器的交流侧失去了与直流电动势 E 极性相反的电压，致使直流电动势经过晶闸管形成短路。

（4）逆变角 β 取值过小，造成换相失败

因为电路存在大感性负载，会使欲导通的晶闸管不能瞬间导通，欲关断的晶闸管也不能瞬间完全关断，因此就存在换相时两个管子同时导通的情况，这种在换相时两个晶闸管同时导通的所对应的电角度称为换相重叠角。逆变角可能小于换相重叠角，即 $\beta < \gamma$，则到了 $\beta = 0°$ 点时刻换流还未结束，此后使得该关断的晶闸管又承受正向电压而导通，尚未导通的晶闸管则在短暂的导通之后又受反压而关断，这相当于触发脉冲丢失，造成逆变失败。

2. 逆变失败的限制

为了防止逆变失败，应当合理选择晶闸管的参数，对其触发电路的可靠性、元件的质量以及过电流保护性能等都有比整流电路更高的要求。逆变角的最小值也应严格限制，不可过小。

逆变时允许的最小逆变角 β_{min} 应考虑几个因素：不得小于换向重叠角 γ，考虑晶闸管本身关断时所对应的电角度，考虑一个安全裕量等，这样最小逆变角 β_{min} 的取值一般为

$$\beta_{min} \geqslant 30° \sim 35° \tag{2-15}$$

为防止 β 小于 β_{min}，有时要在触发电路中设置保护电路，使减小 β 时不能进入 $\beta < \beta_{min}$ 的区域。此外，还可在电路中加上安全脉冲产生装置，安全脉冲位置就设在 β_{min} 处，一旦工作脉冲就移入 β_{min} 处，安全脉冲保证在 β_{min} 处触发晶闸管。

思考题与习题

2-1 什么是有源逆变？有源逆变的条件是什么？有源逆变有何作用？

2-2 有源逆变最小逆变角受哪些因素限制？为什么？

2-3 什么是逆变失败？如何防止逆变失败？

2-4 单相全控桥，反电动势阻感负载，$R = 1\ \Omega$，$L = \infty$，$U_2 = 100$ V，$L = 0.5$ mH，当 $E_M = -99$ V，$\beta = 60°$ 时求 U_d、I_d 和 γ 的值。

2-5 三相全控桥变流器，反电动势阻感负载，$R = 1\ \Omega$，$L = \infty$，$U_2 = 220$ V，$L_B = 1$mH，当 $E_M = -400$ V，$\beta = 60°$ 时求 U_d、I_d 与 γ 的值，此时送回电网的有功功率是多少？

课题二　高频逆变焊机

【课题描述】

高频焊机的全称为高频感应加热设备，又名高频感应加热机、高频感应加热装置、高频加热电源、高频电源、高频钎焊机等。它与其他的焊机是不同的，它的功能和用途并不仅是单一焊接，还可以用于各种金属材料的焊接以及用于透热、熔炼、热处理等工艺。高频焊机是一种小型晶体管式中、高频感应加热设备。其主要特点如下：设备轻巧，加热速度快，效率高；特别省电，同负载用电比电子管高频机节省 60%；具有过流、过压、过热等多种保护功能，操作简单，安装方便，适用于各种需对金属加热的场合。逆变焊机如图 2-7 所示。

逆变焊机的工作过程，是将三相或单相 50 Hz 工频交流电整流、滤波后得到一个较平滑的直流电，由 IGBT 或场效应管组成的逆变电路将该直流电变为 15 ～ 100 kHz 的交流电，经中频主变压器降压后，再次整流滤波获得平稳的直流输出焊接电流（或再次逆变输出所需频率的交流电）。逆变焊机的控制电路由给定电路和驱动电路等组成，通过对电压、电流信号的回馈进行处理，实现整机循环控制，采用脉宽调制 PWM 为核心的控制技术，从而获得快速脉宽调制的恒流特性和优异的焊割工艺效果。高频逆变焊机原理如图 2-8 所示。

图 2-7　逆变焊机实物图

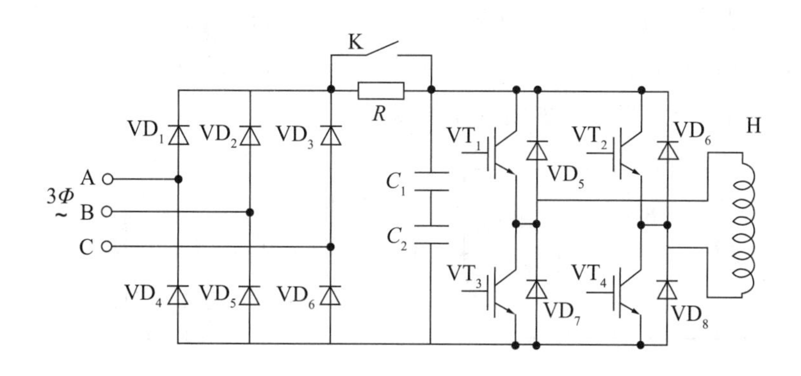

图 2-8　高频逆变焊机原理图

【学习目标】

➢ 掌握换流方式，掌握电压型逆变电路。

➢ 理解电流型逆变电路，了解多重逆变电路和多电平逆变电路。

➢ 掌握换流方式，掌握电压型逆变电路，理解电流型逆变电路，了解多重逆变电路和多电平逆变电路。

【相关知识】

一、换流方式

换流：电流从一个支路向另一个支路转移的过程，也称换相。

开通：适当的门极驱动信号就可使其开通。

关断：全控型器件可通过门极关断。

半控型器件晶闸管，必须利用外部条件才能关断，一般在晶闸管电流过零后施加一定时间反压，才能关断。

研究换流方式主要是研究如何使器件关断。

（一）器件换流

利用全控型器件的自关断能力进行换流（Device Commutation）。

（二）电网换流

由电网提供换流电压称为电网换流（Line Commutation）。可控整流电路、交流调压电路和采用相控方式的交交变频电路，不需器件具有门极可关断能力，也不需要为换流附加元件。

（三）负载换流

由负载提供换流电压称为负载换流（Load Commutation）。负载电流相位超前于负载电压的场合，都可实现负载换流。负载为电容性负载时，就可实现负载换流。其电路图及工作波形如图 2-9 所示。

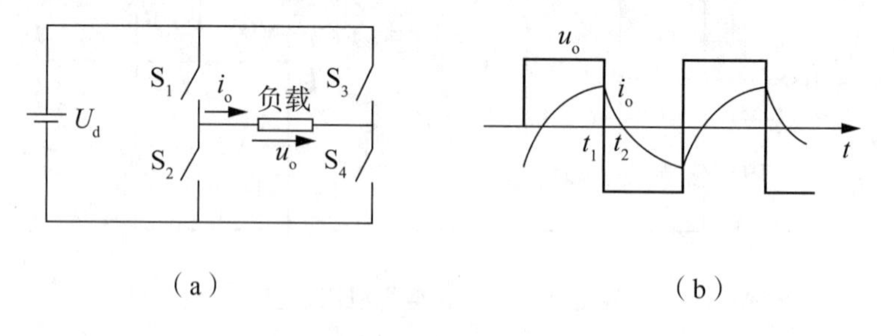

图 2-9　负载换流电路及其工作波形

基本的负载换流逆变电路如下：

采用晶闸管，负载、电阻电感串联后再和电容并联，工作在接近并联谐振状态而略呈容性。电容为改善负载功率因数使其略呈容性而接入，直流侧串入大电感 L_d，i_d 基本没有脉动。

工作过程如下：

四个臂的切换仅使电流路径改变，负载电流基本呈矩形波。负载工作在对基波电流接近并联谐振的状态，对基波阻抗很大，对谐波阻抗很小，u_o 波形接近正弦。

t_1 前：VT_1、VT_4 通，VT_2、VT_3 断，u_o、i_o 均为正，VT_2、VT_3 电压即为 u_o。

t_1 时：触发 VT_2、VT_3 使其开通，u_o 加到 VT_4、VT_1 上使其承受反压而关断，电流从 VT_1、VT_4 换到 VT_3、VT_2。

t_1 必须在 u_o 过零前留有足够裕量，才能使换流顺利完成。

（四）强迫换流

设置附加的换流电路，给欲关断的晶闸管强迫施加反向电压或反向电流的换流方式称为强迫换流（Forced Commutation）。通常利用附加电容上储存的能量来实现，也称为电容换流。

例如，直接耦合式强迫换流由换流电路内电容提供换流电压。VT 通态时，先给电容 C 充电，合上 S 就可使晶闸管被施加反压而关断，其原理如图 2-10 所示。

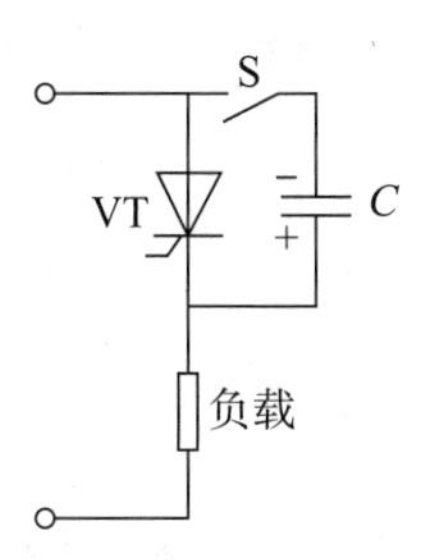

图 2-10　直接耦合式强迫换流原理图

又如，电感耦合式强迫换流通过换流电路内电容和电感耦合提供换流电压或换流电流。

图 2-11 为两种电感耦合式强迫换流原理图，其中，图 2-11（a）中晶闸管在 LC 振荡第一个半周期内关断，图 2-11（b）中晶闸管在 LC 振荡第二个半周期内关断。

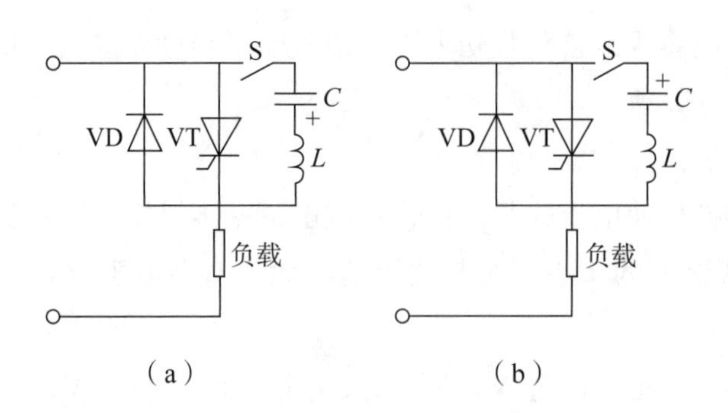

图 2-11　电感耦合式强迫换流原理图

二、电压型逆变电路

逆变电路按其直流电源性质不同分为两种：电压型逆变电路或电压源型逆变电路；电流型逆变电路或电流源型逆变电路。

（一）单相电压型逆变电路

1. 半桥逆变电路

电路结构如图 2-12 所示。

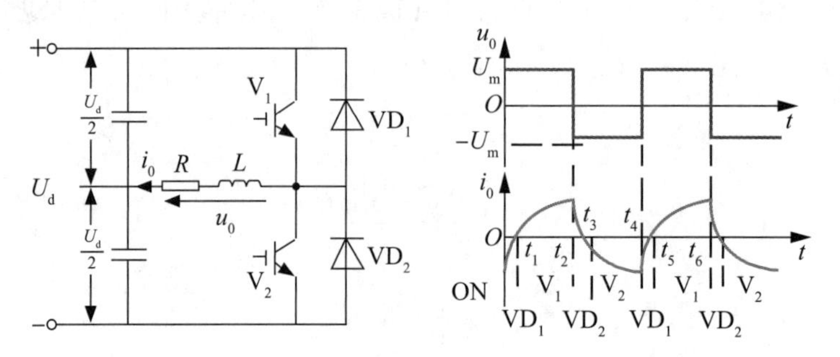

图 2-12　单相半桥电压型逆变电路及其工作波形

其工作原理如下：

V_1 和 V_2 栅极信号各半周正偏、半周反偏，互补。u_o 为矩形波，幅值为 $U_m = U_d/2$，i_o 波形随负载而异，感性负载时，V_1 或 V_2 通时，i_o 和 u_o 同方向，直流侧向负载提供能量，VD_1 或 VD_2 通时，i_o 和 u_o 反向，电感中贮能向直流侧反馈，VD_1、VD_2 称为反馈二极管，还使 i_o 连续，又称续流二极管。

优点：简单，使用器件少。

缺点：交流电压幅值 $U_d/2$，直流侧需两电容器串联，要控制两者电压均衡，用于几千瓦以下的小功率逆变电源。

单相全桥、三相桥式都可看成若干个半桥逆变电路的组合。

2. 全桥逆变电路

电路结构及工作情况如图 2-13 所示。

图 2-13 可以看成两个半桥电路的组合。桥臂 1 和桥臂 4 为一对，桥臂 2 和桥臂 3 作为另一对，成对桥臂同时导通，交替各导通 180°。

把幅值为 u_d 的矩形波 u_o 展成傅里叶级数得

$$u_o=\frac{4U_d}{\pi}\left(\sin\omega t+\frac{1}{3}\sin 3\omega t+\frac{1}{5}\sin 5\omega t+\cdots\right) \quad (2-16)$$

基波幅值

$$u_{o1m}=\frac{4U_d}{\pi}=1.27U_d \quad (2-17)$$

基波有效值

$$u_{o1}=\frac{2\sqrt{2}U_d}{\pi}=0.9U_d \quad (2-18)$$

u_o 为正负各 180° 时，要改变输出电压有效值，就只能改变 U_d。

可采用移相方式调节逆变电路的输出电压，称为移相调压。各栅极信号为 180° 正偏，180° 反偏，且 V_1 和 V_2 互补，V_3 和 V_4 互补关系不变。V_3 的基极信号只比 V_1 落后 q（$0° < q < 180°$），V_3、V_4 的栅极信号分别比 V_2、V_1 的前移 $180° - q$，u_o 成为正负各为 q 的脉冲，改变 q 即可调节输出电压有效值。

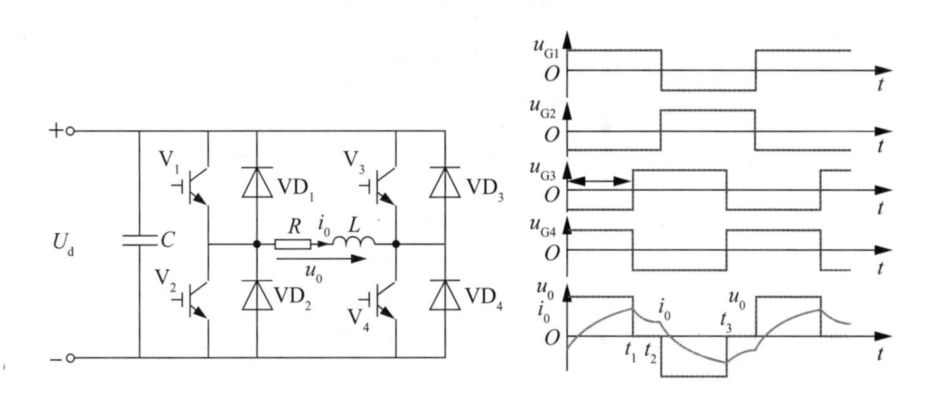

图 2-13　单相全桥逆变电路的移相调压方式

（二）三相电压型逆变电路

三个单相逆变电路可组合成一个三相逆变电路。应用最广的是三相桥式逆变电路可看成由三个半桥逆变电路组成。

180° 导电方式：

每桥臂导电 180°，同一相上下两臂交替导电，各相开始导电的角度差 120°，任一瞬间有三个桥臂同时导通，每次换流都是在同一相上下两臂之间进行，也称为纵向换流。三相电压型桥式逆变电路如图 2-14 所示。

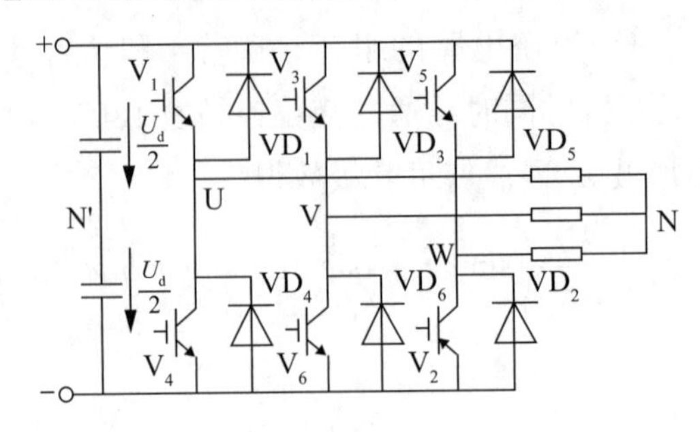

图 2-14 三相电压型桥式逆变电路

其工作波形如图 2-15 所示。

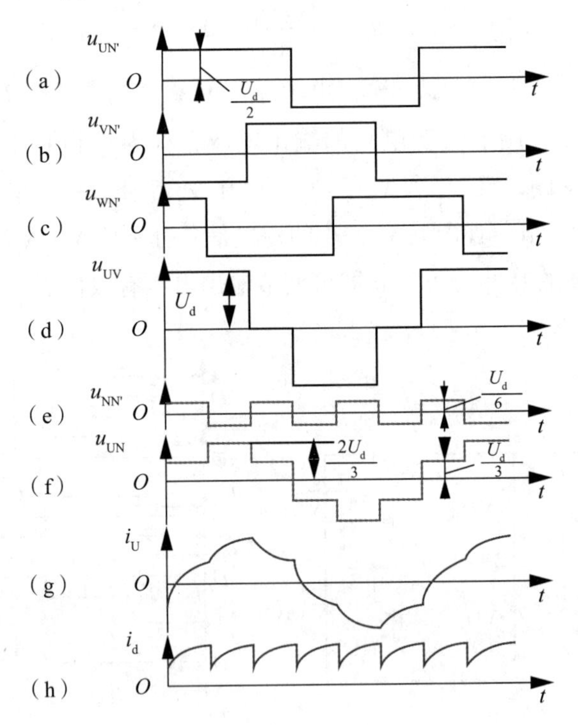

图 2-15 三相型电压桥式逆变电路的工作波形

负载各相到电源中点 N′ 的电压：U 相，1 通，$u_{UN'} = U_d / 2$，4 通，$u_{UN'} = -U_d / 2$。

负载线电压

$$\left.\begin{aligned} u_{UV} &= u_{UN'} - u_{VN'} \\ u_{VW} &= u_{VN'} - u_{WN'} \\ u_{WU} &= u_{WN'} - u_{UN'} \end{aligned}\right\} \tag{2-19}$$

负载相电压

$$\left.\begin{aligned}u_{UN}&=u_{UN'}-u_{NN'}\\u_{VN}&=u_{VN'}-u_{NN'}\\u_{WN}&=u_{WN'}-u_{NN'}\end{aligned}\right\}\tag{2-20}$$

负载中点和电源中点间电压

$$u_{NN'}=\frac{1}{3}(u_{UN'}+u_{VN'}+u_{WN'})-\frac{1}{3}(u_{UN}+u_{VN}+u_{WN})\tag{2-21}$$

负载三相对称时有 $u_{UN}+u_{VN}+u_{WN}=0$，于是

$$u_{NN'}=\frac{1}{3}\left(u_{NN'}+u_{VN'}+u_{WN'}\right)\tag{2-22}$$

利用式（5-5）和（5-7）可绘出 u_{UN}、u_{VN}、u_{WN} 波形。负载已知时，可由 u_{UN} 波形求出 i_U 波形，一相上下两桥臂间的换流过程和半桥电路相似，桥臂 1、3、5 的电流相加可得直流侧电流 i_d 的波形，i_d 每 60° 脉动一次，直流电压基本无脉动，因此逆变器从直流侧向交流侧传送的功率是脉动的，电压型逆变电路的一个特点。

下面对三相桥式逆变电路的输出电压进行定量分析。

把输出线电压 u_{UV} 展开成傅里叶级数得

$$\begin{aligned}u_{UV}&=\frac{2\sqrt{3}U_d}{\pi}\left(\sin\omega t-\frac{1}{5}\sin5\,\omega t-\frac{1}{7}\sin7\,\omega t+\frac{1}{11}\sin11\,\omega t+\frac{1}{13}\sin13\,\omega t-\cdots\right)\\&=\frac{2\sqrt{3}U_d}{\pi}\left[\sin\omega t+\sum_n\frac{1}{n}(-1)^k\sin n\omega t\right]\end{aligned}\tag{2-23}$$

式中：$n=6k\pm1$，k 为自然数。

输出线电压有效值

$$U_{UV}=\sqrt{\frac{1}{2\pi}\int_0^{2x}u_{UV}^2\mathrm{d}\omega t}=0.816U_d\tag{2-24}$$

基波幅值

$$U_{UV1m}=\frac{2\sqrt{3}U_d}{\pi}=1.1U_d\tag{2-25}$$

基波有效值

$$U_{UV1}=\frac{U_{UV1m}}{\sqrt{2}}=\frac{\sqrt{6}}{\pi}U_d=0.78U_d\tag{2-26}$$

u_{UN} 展开成傅里叶级数得

$$
\begin{aligned}
u_{\mathrm{UN}} &= \frac{2U_{\mathrm{d}}}{\pi}\left(\sin\omega t + \frac{1}{5}\sin 5\omega t + \frac{1}{7}\sin 7\alpha t + \frac{1}{11}\sin 11at + \frac{1}{13}\sin 13\omega t + \cdots\right) \\
&= \frac{2U_{\mathrm{d}}}{\pi}\left(\sin\omega t + \sum_{n}\frac{1}{n}\sin n\omega t\right)
\end{aligned}
\tag{2-27}
$$

式中：$n = 6k \pm 1$，k 为自然数。

负载相电压有效值

$$
U_{\mathrm{UN}} = \sqrt{\frac{1}{2\pi}\int_{0}^{2x} u_{\mathrm{UN}}^{2}\,\mathrm{d}\omega t} = 0.471U_{\mathrm{d}} \tag{2-28}
$$

基波幅值

$$
U_{\mathrm{UN1m}} = \frac{2U_{\mathrm{d}}}{\pi} = 0.637U_{\mathrm{d}} \tag{2-29}
$$

基波有效值

$$
U_{\mathrm{UN1}} = \frac{U_{\mathrm{UN1m}}}{\sqrt{2}} = 0.45U_{\mathrm{d}} \tag{2-30}
$$

为了防止同一相上下两桥臂开关器件直通，采取“先断后通”的方法。

三、电流型逆变电路

直流电源为电流源的逆变电路——电流型逆变电路。一般在直流侧串联大电感，电流脉动很小，可近似看成直流电流源。

（一）单相电流型逆变电路

单相电流型（并联谐振式）逆变电路如图 2-16 所示。

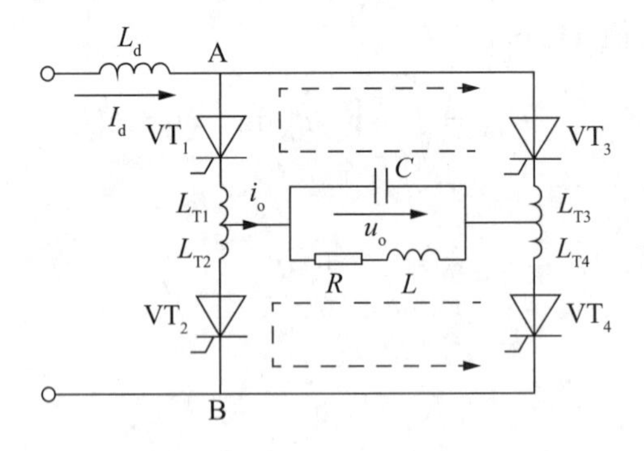

图 2-16　单相桥式电流型（并联谐振式）逆变电路

四个桥臂中，每桥臂晶闸管各串一个电抗器 L_{T}，用来限制晶闸管开通时的 $\mathrm{d}i/\mathrm{d}t$。1、4 和 2、3 以 1000 ～ 2500 Hz 的中频轮流导通，可得到中频交流电。采用负载换相方式，要求负载电流超前于电压。

负载一般是电磁感应线圈，加热线圈内的钢料，把 R 和 L 串联为其等效电路。因功率因数很低，故并联 C。C 和 L、R 构成并联谐振电路，故此电路称为并联谐振式逆变电路。

输出电流波形接近矩形波，含基波和各奇次谐波，且谐波幅值远小于基波。因基波频率接近负载电路谐振频率，故负载对基波呈高阻抗，对谐波呈低阻抗，谐波在负载上产生的压降很小，因此负载电压波形接近正弦波。

并联谐振式逆变电路工作波形如图 2-17 所示。

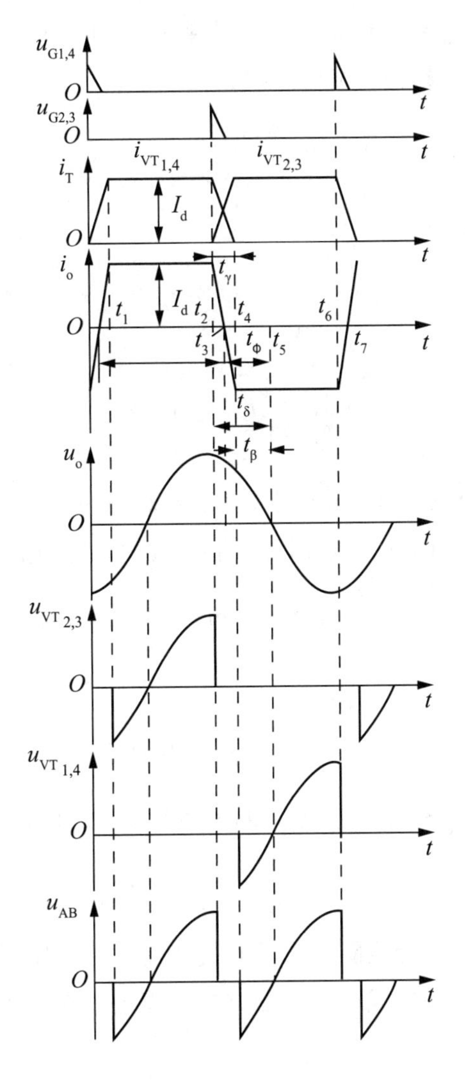

图 2-17　并联谐振式逆变电路工作波形

t_1-t_2：VT_1 和 VT_4 稳定导通阶段，$i_o = I_d$，t_2 时刻前在 C 上建立了左正右负的电压。

t_2-t_4 : t_2 时触发 VT_2 和 VT_3 开通，进入换流阶段。L_T 使 VT_1、VT_4 不能立刻关断，电流有一个减小过程。VT_2、VT_3 电流有一个增大过程。4 个晶闸管全部导通，负载电压经两个并联的放电回路同时放电。t_2 时刻后，L_{T_1}、VT_1、VT_3、L_{T_3} 到 C；另一个经 L_{T_2}、VT_2、VT_4、L_{T_4} 到 C。$t=t_4$ 时，VT_1、VT_4 电流减至零而关断，换流阶段结束。$t_4-t_2=t_g$ 称为换流时间。i_o 在 t_3 时刻，即 $i_{VT_1}=i_{VT_2}$ 时刻过零，t_3 时刻大体位于 t_2 和 t_4 的中点。

晶闸管需一段时间才能恢复正向阻断能力，换流结束后还要使 VT_1、VT_4 承受一段反压时间 t_β，$t_\beta=t_5-t_4$ 应大于晶闸管的关断时间 t_q。为保证可靠换流，应在 u_o 过零前 $t_d=t_5-t_2$ 时刻触发 VT_2、VT_3。

t_δ 为触发引前时间

$$t_\delta=t_\gamma+t_\beta \tag{2-31}$$

i_o 超前于 u_o 的时间为

$$t_\varphi=\frac{t_\gamma}{2}+t_\beta \tag{2-32}$$

将其表示为电角度可得

$$\varphi=\omega\left(\frac{t_\gamma}{2}+t_\beta\right)=\frac{\gamma}{2}+\beta \tag{2-33}$$

式中：ω 为电路工作角频率；γ、β 分别是 t_γ、t_β 对应的电角度。

忽略换流过程，i_o 可近似成矩形波，展开成傅里叶级数

$$i_o=\frac{4I_d}{\pi}\left(\sin\omega t+\frac{1}{3}\sin3\omega t+\frac{1}{5}\sin5\omega t+\cdots\right) \tag{2-34}$$

基波电流有效值

$$I_{o1}=\frac{4I_d}{\sqrt{2}\pi}=0.9I_d \tag{2-35}$$

负载电压有效值 U_o 和直流电压 U_d 的关系（忽略 L_d 的损耗，忽略晶闸管压降）

$$U_o=\frac{\pi U_d}{2\sqrt{2}\cos\varphi}=1.11\frac{U_d}{\cos\varphi} \tag{2-36}$$

实际工作过程中，感应线圈参数随时间变化，必须使工作频率适应负载的变化而自动调整，这种控制方式称为自励方式。固定工作频率的控制方式称为他励方式。

自励方式存在起动问题，解决方法如下：

一是先用他励方式，系统开始工作后再转入自励方式；二是附加预充电起动电路。

（二）三相电流型逆变电路

图 2-18 所示为电流型三相桥式逆变电路，其输出电流波形如图 2-19 所示。

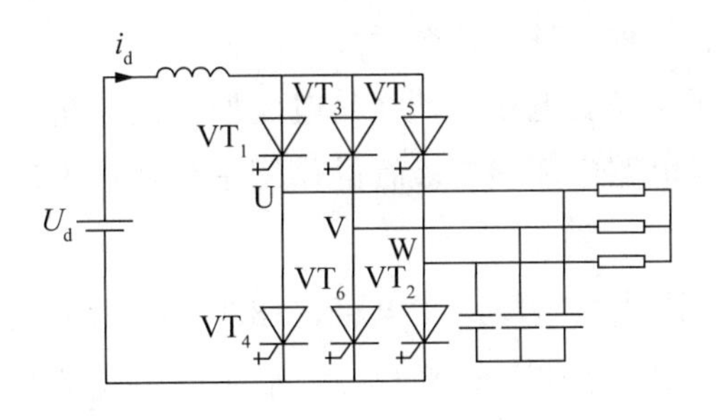

图 2-18　电流型三相桥式逆变电路

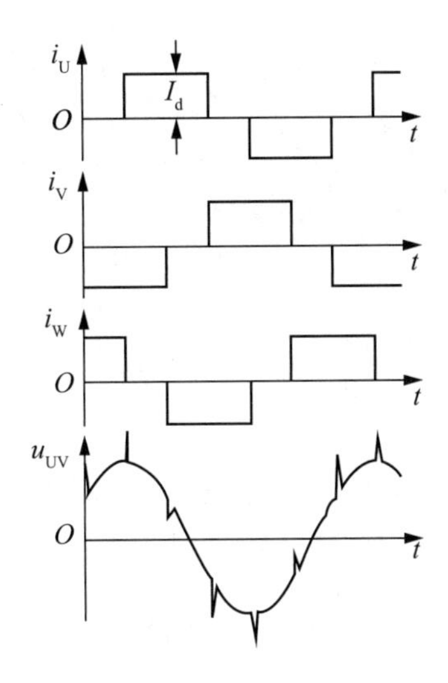

图 2-19　电流型三相桥式逆变电路的输出波形

基本工作方式是 120° 导电方式——每个臂一周期内导电 120°。每时刻上下桥臂组各有一个臂导通，横向换流。

分析图 2-19 可知，输出电流波形和负载性质无关，为正负脉冲各 120° 的矩形波。输出电流和三相桥整流带大电感负载时的交流电流波形相同，谐波分析表达式也相同。输出线电压波形和负载性质有关，大体为正弦波。

输出交流电流的基波有效值

$$I_{U1}=\frac{\sqrt{6}}{\pi}I_d=0.78I_d \tag{2-37}$$

思考题与习题

2-6 无源逆变电路和有源逆变电路有何不同?

2-7 换流方式有几种? 各有什么特点?

2-8 什么是电压型逆变电路? 什么是电流型逆变电路? 二者各有什么特点?

2-9 电压型逆变电路中反馈二极管的作用是什么? 为什么电流型逆变电路中没有反馈二极管?

2-10 已知三相桥式电压型逆变电路，180° 导电方式，$U_d = 100$ V，试求输出相电压的基波幅值 U_{UN1m} 和有效值 U_{UN1}、输出线电压的基波幅值 U_{UV1m} 和有效值 U_{UV1}、输出线电压中 5 次谐波的有效值 U_{UV5}。

模块三　交流变换电路

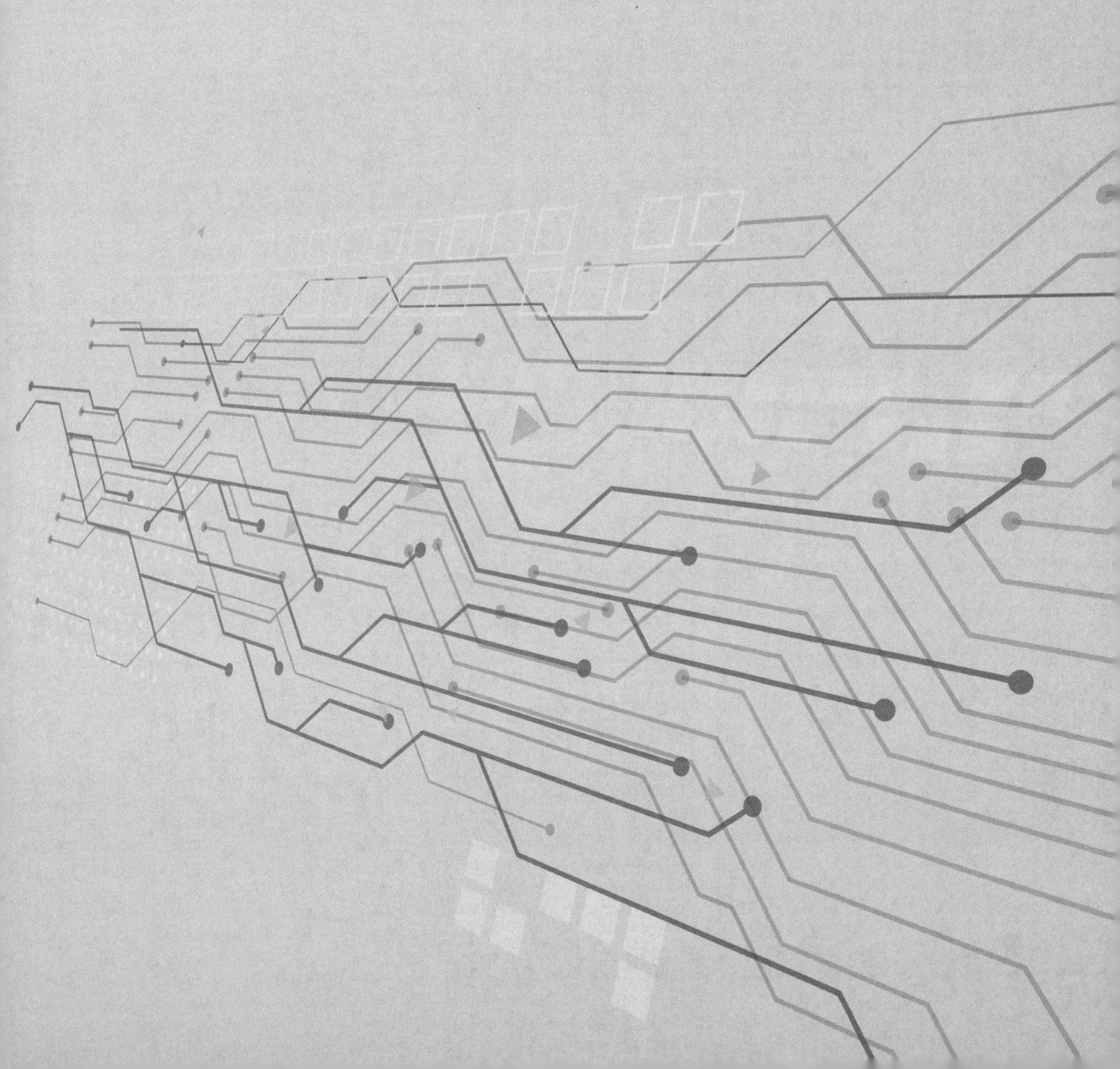

课题一　电风扇无级调速器

【课题描述】

电风扇无级调速器在日常生活中随处可见。图 3-1（a）是常见的电风扇无级调速器，旋动旋钮便可以调节电风扇的速度，图 3-1（b）为电路原理图。

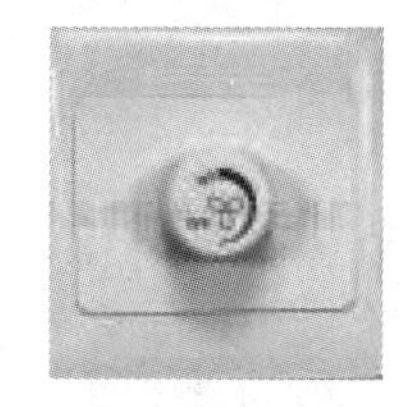

（a）电风扇无级调速器

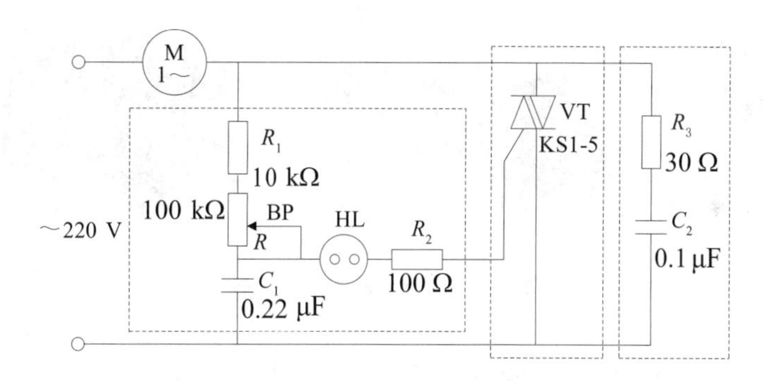

（b）电风扇无级调速器电路原理图

图 3-1　电风扇无级调速器及其电路原理图

如图 3-1（b）所示，调速器电路由主电路和触发电路两部分构成，接通电源后，电容 C_1 充电，当电容 C_1 两端电压的峰值达到氖管 HL 的阻断电压时，HL 亮，双向晶闸管 VT 被触发导通，电扇转动。改变电位器 RP 的大小，即改变了 C_1 的充电时间常数，使 VT 的导通角发生变化，也就改变了电动机两端的电压，因此电扇的转速改变。由于 RP 是无级变化的，因此电扇的转速也是无级变化的，在双向晶闸管的两端并接 RC 元件，是利用电容两端电压瞬时不能突变，作为晶闸管关断过电压的保护措施。本项目对主电路及触发电路进行分析，使学生能够理解调速器电路的工作原理，进而掌握分析交流调压电路的方法。

【学习目标】

- 了解双向晶闸管的工作原理。
- 了解单相交流调压电路的工作原理。
- 掌握双向晶闸管的测试方法。
- 掌握电风扇无级调速器的安装与调试。
- 掌握电风扇无级调速器故障分析及处理。

【相关知识】

一、双向晶闸管

（一）双向晶闸管的结构

双向晶闸管的外形与普通晶闸管类似，有塑封式、螺栓式、平板式，但其内部是一种 NPNPN 五层结构的三端器件，有两个主电极 T_1、T_2 和一个门极 G，其外形如图 3-2 所示。

图 3-2　双向晶闸管的外形

双向晶闸管的内部结构、等效电路及图形符号如图 3-3 所示。

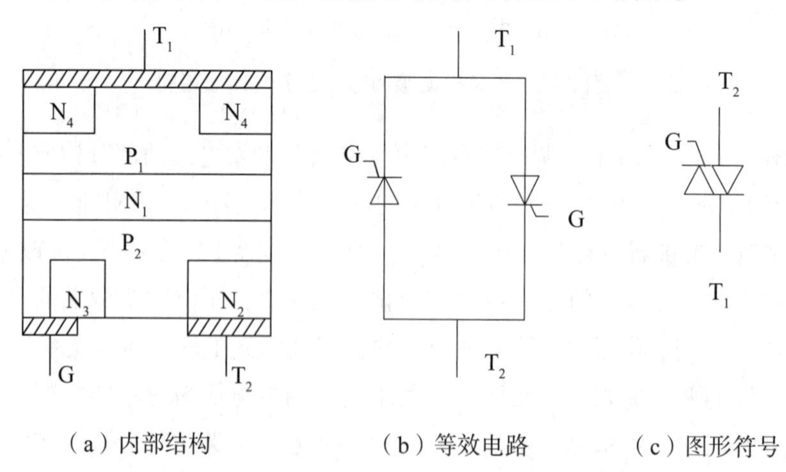

图 3-3　双向晶闸管内部结构、等效电路及图形符号

从图 3-3 可知，双向晶闸管相当于两个晶闸管反并联（$P_1N_1P_2N_2$ 和 $P_2N_1P_1N_4$），不过它只有一个门极 G，由于 N_3 区的存在，使得门极 G 相对于 T_1 端无论是正的或是负的都能触发，而且 T_1 相对于 T_2 既可以是正，也可以是负。

常见的双向晶闸管引脚排列如图 3-4 所示。

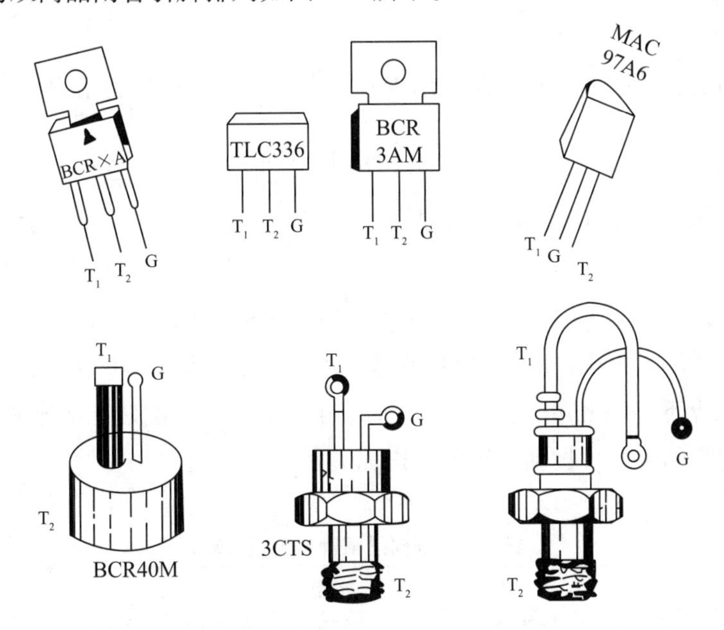

图 3-4　常见的双向晶闸管引脚排列

（二）双向晶闸管的特性与参数

双向晶闸管有正反向对称的伏安特性曲线。正向部分位于第 I 象限，反向部分位于第 Ⅲ 象限，如图 3-5 所示。

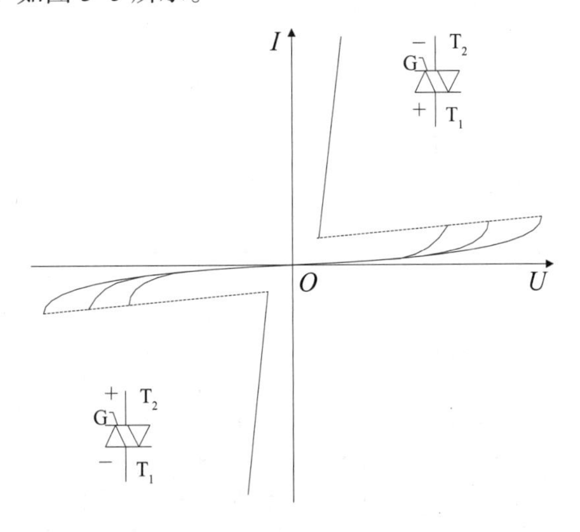

图 3-5　双向晶闸管伏安特性

双向晶闸管的主要参数中只有额定电流与普通晶闸管有所不同，其他参数定义相似。由于双向晶闸管工作在交流电路中，正反向电流都可以流过，所以它的额定电流不用平均值而是用有效值来表示。其定义如下：在标准散热条件下，当器件的单向导通角大于 170°，允许流过器件的最大交流正弦电流的有效值，用 $I_{T(RMS)}$ 表示。

双向晶闸管额定电流与普通晶闸管额定电流之间的换算关系式为

$$I_{T(AV)}=\frac{\sqrt{2}}{\pi}I_{T(RMS)}=0.45I_{T(RMS)} \tag{3-1}$$

以此推算，一个 100 A 的双向晶闸管与两个反并联 45 A 的普通晶闸管电流容量相等。

国产双向晶闸管用 KS 表示。例如，型号 KS50-10-21 表示额定电流 50 A，额定电压 10 级（1 000 V）断态电压临界上升率 du/dt 为 2 级（不小于 200 V/μs），换向电流临界下降率 di/dt 为 1 级（不小于 1% $I_{T(RMS)}$）的双向晶闸管。有关 KS 型双向晶闸管的主要参数和分级的规定如表 3-1 所示。

表 3-1　双向晶闸管的主要参数

<table>
<tr><th rowspan="2">系列</th><th colspan="10">参数</th></tr>
<tr><th>额定通态电流 $I_{T(RMS)}$/A</th><th>断态重复峰值电压 U_{DRM}/V</th><th>断态重复峰值电流 I_{DRM}/mA</th><th>额定结温 T_{jm}/C</th><th>断态电压临界上升率 du/dt/(V·μs⁻¹)</th><th>通态电流临界上升率 di/dt/(A·μs⁻¹)</th><th>换向电流临界下降率 di/dt/(A·μs⁻¹)</th><th>门极触发电流 I_{GT}/A</th><th>门极触发电压 U_{GT}/V</th></tr>
<tr><td>KS1</td><td>1</td><td rowspan="8">100 ~ 200</td><td>< 1</td><td>115</td><td>≥ 20</td><td>—</td><td rowspan="8">≥ 0.2% $I_{T(RMS)}$</td><td>3 ~ 100</td><td>≤ 2</td></tr>
<tr><td>KS10</td><td>10</td><td>< 10</td><td>115</td><td>≥ 20</td><td>—</td><td>5 ~ 100</td><td>≤ 3</td></tr>
<tr><td>KS20</td><td>20</td><td>< 10</td><td>115</td><td>≥ 20</td><td>—</td><td>5 ~ 200</td><td>≤ 3</td></tr>
<tr><td>KS50</td><td>50</td><td>< 15</td><td>115</td><td>≥ 20</td><td>10</td><td>8 ~ 200</td><td>≤ 4</td></tr>
<tr><td>KS100</td><td>100</td><td>< 20</td><td>115</td><td>≥ 50</td><td>10</td><td>10 ~ 300</td><td>≤ 4</td></tr>
<tr><td>KS200</td><td>200</td><td>< 20</td><td>115</td><td>≥ 50</td><td>15</td><td>10 ~ 400</td><td>≤ 4</td></tr>
<tr><td>KS400</td><td>400</td><td>< 25</td><td>115</td><td>≥ 50</td><td>30</td><td>20 ~ 400</td><td>≤ 4</td></tr>
<tr><td>KS500</td><td>500</td><td>< 25</td><td>115</td><td>≥ 50</td><td>30</td><td>20 ~ 400</td><td>≤ 4</td></tr>
</table>

（三）双向晶闸管的触发方式

双向晶闸管正反两个方向都能导通，门极加正负电压都能触发。主电压与触发电压相互配合，可以得到四种触发方式：

（1）Ⅰ+触发方式：主极 T_1 为正，T_2 为负；门极电压 G 为正，T_2 为负。特性曲线在第Ⅰ象限。

（2）Ⅰ－触发方式：主极 T_1 为正，T_2 为负；门极电压 G 为负，T_2 为正。特性曲线在第Ⅰ象限。

（3）Ⅲ+触发方式：主极 T_1 为负，T_2 为正；门极电压 G 为正，T_2 为负。特性曲线在第Ⅲ象限。

（4）Ⅲ－触发方式：主极 T_1 为负，T_2 为正；门极电压 G 为负，T_2 为正。特性曲线在第Ⅲ象限。

由于双向晶闸管的内部结构原因，四种触发方式的灵敏度各不相同，以Ⅲ+触发方式灵敏度最低，使用时要尽量避开，常采用的触发方式为Ⅰ+和Ⅲ－。

（四）双向晶闸管的触发电路

1. 简易触发电路

图 3-6 为双向晶闸管简易触发电路。图（a）中当开关 S 拨至“2”双向晶闸管 VT 只在Ⅰ+触发，负载 R_L 上仅得到正半周电压；当 S 拨至“3”时，VT 在正、负半周分别在Ⅰ+、Ⅲ－触发，R_L 上得到正、负两个半周的电压，因而比置“2”时电压大。图（c）、（d）中均引入了具有对称击性的触发二极管 VD，这种二极管两端电压达到击穿电压数值（通常为 30 V 左右，不分极性）时被击穿导通，晶闸管便也触发导通。调节电位器改变控制角 α，实现调压。图（c）与图（b）的不同点在于（c）中增设了 R_1、R_2、C_2。在（b）图中，当工作于大 α 值时，因电位器阻值较大，使 C_1 充电缓慢，到 α 角时电源电压已经过峰值并降得过低，则 C_1 上充电电压过小不足以击穿双向触发二极管 VD；而图（c）在大 α 值时，C_2 上可获得滞后的电压 uc_2，给电容 C_1 增加一个充电电路，保证在大 α 时 VT 能可靠触发。

（e）图就是电风扇无级调速电路图，接通电源后，电容 C_1 充电，当电容 C_1 两端电压的峰值达到氖管 HL 的阻断电压时，HL 亮，双向晶闸管 VT 被触发导通，电扇转动。改变电位器 RP 的大小，即改变了 C_1 的充电时间常数，使 VT 的导通角发生变化，也就改变了电动机两端的电压，因此电扇的转速改变。由于 RP 是无级变化的，因此电扇的转速也是无级变化的。

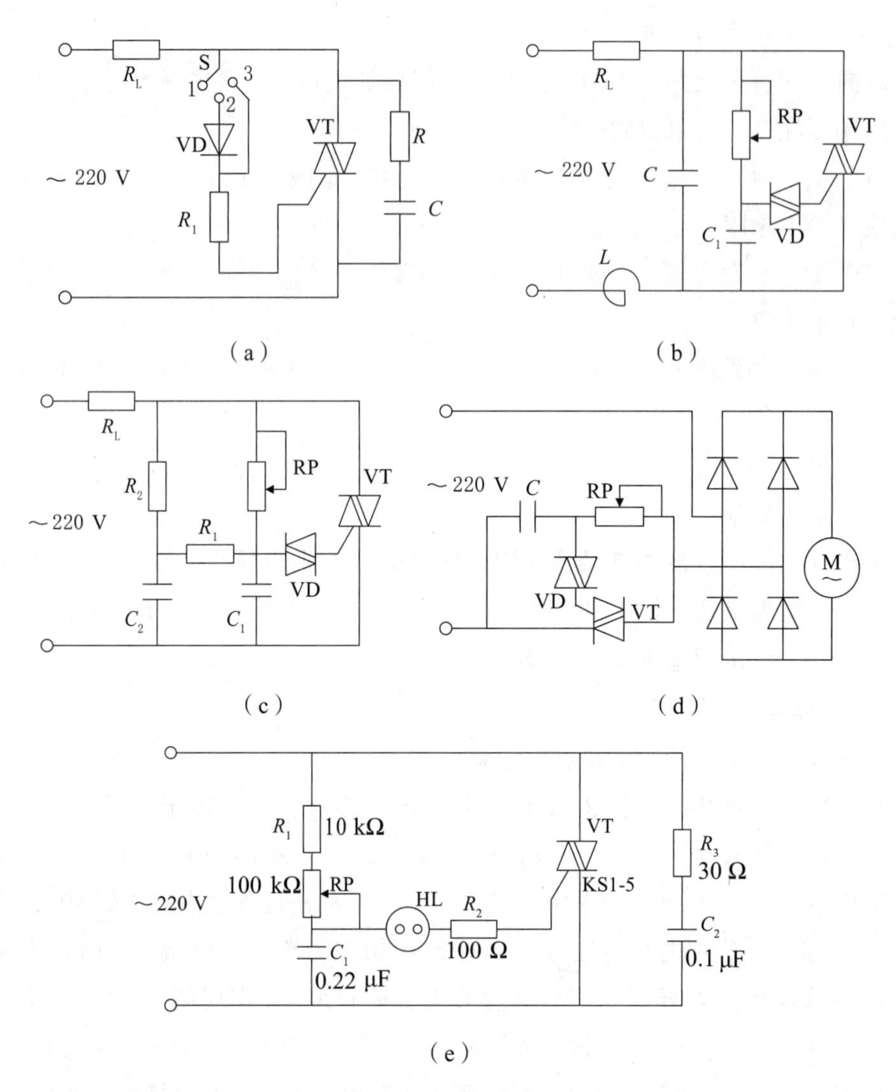

图 3-6 双向晶闸管的简易触发电路

2. 单结晶体管触发

图 3-7 为单结晶体管触发的交流调压电路，调节 RP 阻值可改变负载 R_L 上电压的大小。

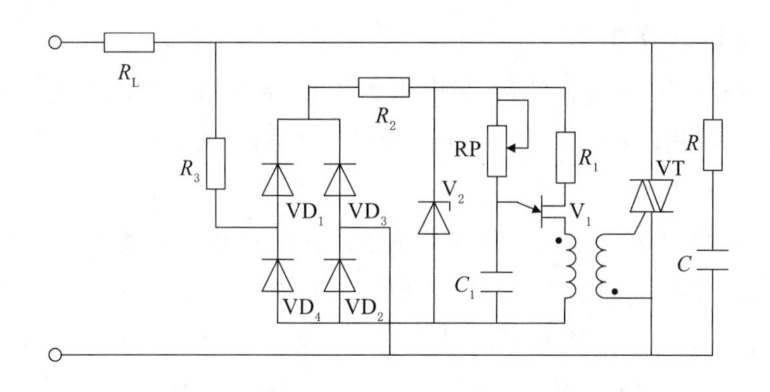

图 3-7　用单结晶体管组成的触发电路

3. 集成触发器

图 3-8 即为 K006 组成的双向晶闸管移相交流调压电路。该电路主要适用于交流直接供电的双向晶闸管或反并联普通晶闸管的交流移相控制。RP_1 用于调节触发电路锯齿波斜率，R_4、C_3 用于调节脉冲宽度，RP_2 为移相控制电位器，用于调节输出电压的大小。

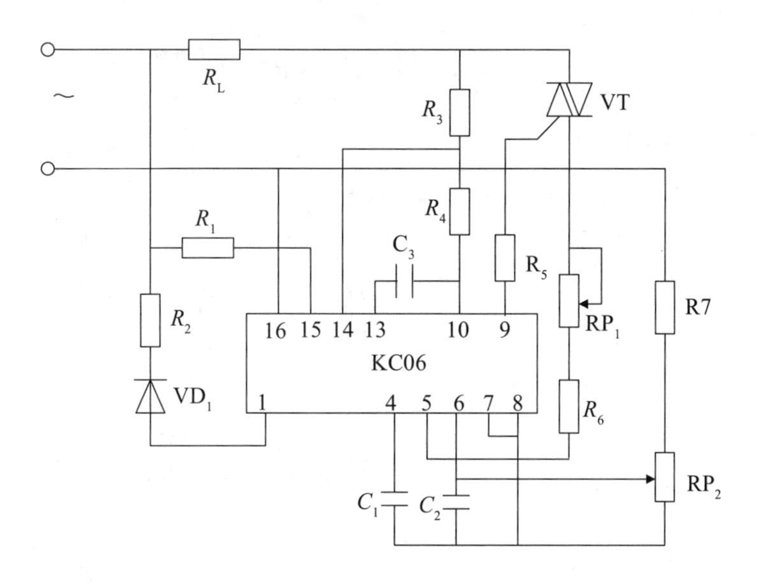

图 3-8　集成触发器

二、单相交流调压电路

电风扇无级调速器实际上就是负载为电感性的单相交流调压电路。交流调压是将一种幅值的交流电能转化为同频率的另一种幅值的交流电能。

（一）电阻性负载

图 3-9（a）为一双向晶闸管与电阻负载 R_L 组成的交流调压主电路，图中双向晶闸管也可改用两只反并联的普通晶闸管，但需要两组独立的触发电路分别控制两只晶闸管。

在电源正半周 $\omega t=\alpha$ 时触发 VT 导通，有正向电流流过 R_L，负载端电压 u_R 为正值，电流过零时 VT 自行关断；在电源负半周 $\omega t=\pi+\alpha$ 时，再触发 VT 导通，有反向电流流过 R_L，其端电压 u_R 为负值，到电流过零时 VT 再次自行关断。然后重复上述过程。改变 α 角即可调节负载两端的输出电压有效值，达到交流调压的目的。电阻负载上交流电压有效值为

$$U_R=\sqrt{\frac{1}{\pi}\int_{\alpha}^{\pi}(\sqrt{2}U_2\sin\omega t)^2\mathrm{d}(\omega t)}=U_2\sqrt{\frac{1}{2\pi}\sin 2\alpha+\frac{\pi-\alpha}{\pi}} \tag{3-2}$$

电流有效值

$$U_R=\frac{U_R}{R}=\frac{U_2}{R}\sqrt{\frac{1}{2\pi}\sin 2\alpha+\frac{\pi-\alpha}{\pi}} \tag{3-3}$$

电路功率因数

$$\cos\varphi=\frac{P}{S}=\frac{U_R I}{U_2 I}=\sqrt{\frac{1}{2\pi}\sin 2\alpha+\frac{\pi-\alpha}{\pi}} \tag{3-4}$$

电路的移相范围为 0 ～ π。

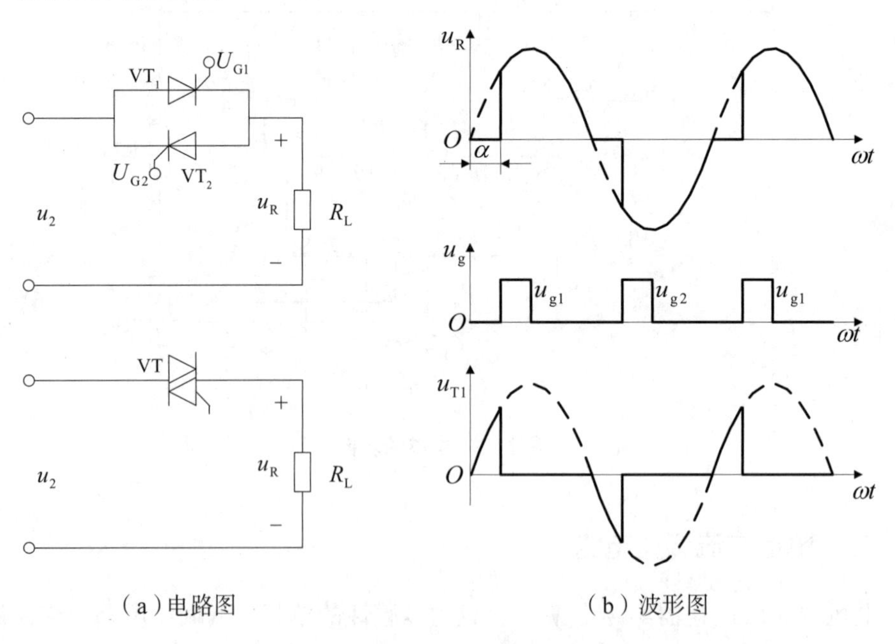

（a）电路图　　（b）波形图

图 3-9　单相交流调压电路电阻负载电路及波形

通过改变 α 可得到不同的输出电压有效值，从而达到交流调压的目的。由双向晶闸管组成的电路，只要在正负半周对称的相应时刻（α、$\pi+\alpha$）给触发脉冲，则和反并联电路一样可得到同样的可调交流电压。

交流调压电路的触发电路完全可以套用整流移相触发电路，但是脉冲的输出必须通过脉冲变压器，其两个二次线圈之间要有足够的绝缘。

（二）电感性负载

综上所述，单相交流调压有如下特点：

（1）带电阻负载时，负载电流波形与单相桥式可控整流交流侧电流一致。改变控制角 α 可以连续改变负载电压有效值，达到交流调压的目的。

（2）带电感性负载时，不能用窄脉冲触发。否则当 $\alpha<\varphi$ 时，会出现一个晶闸管无法导通，产生很大的直流分量电流，烧毁熔断器或晶闸管。

（3）带大电感性负载时，最小控制角 $\alpha_{min}=\varphi$（阻抗角）。所以，α 的移相范围为 $\varphi\sim180°$，电阻负载时移相范围为 $0°\sim180°$。

【思考与练习】

3-1 双向晶闸管额定电流的定义和普通晶闸管额定电流的定义有何不同？额定电流为 100 A 的两只普通晶闸管反并联可以用额定电流为多少的双向晶闸管代替？

3-2 双向晶闸管有哪几种触发方式？一般选用哪几种？

3-3 说明图 3-10 所示的电路，指出双向晶闸管的触发方式。

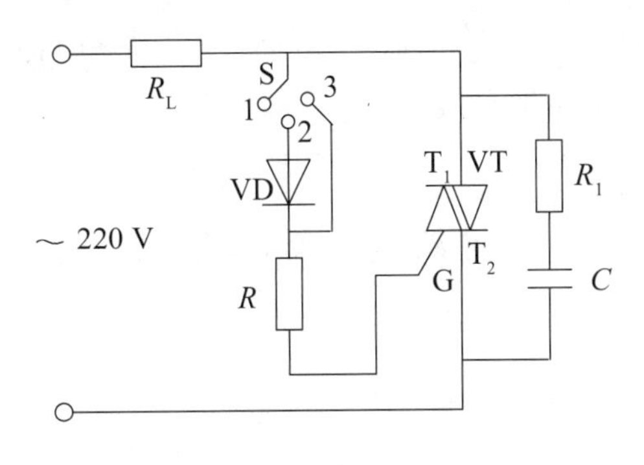

图 3-10　习题 3-3 图

3-4 在交流调压电路中，采用相位控制和通断控制各有何优缺点？为什么通断控制适用于大惯性负载？

3-5 单相交流调压电路，负载阻抗角为 30°，问控制角 α 的有效移相范围有多大？

3-6 单相交流调压主电路中，对于电阻—电感负载，为什么晶闸管的触发脉冲要用宽脉冲或脉冲列？

3-7 一台 220 V/10 kW 的电炉，采用单相交流调压电路，现使其工作在功率为 5 kW 的电路中，试求电路的控制角 α、工作电流以及电源侧功率因数。

3-8 图 3-11 单相交流调压电路，U_2 = 220 V，L = 5.516 mH，R = 1 Ω，试求：

（1）控制角 α 的移相范围。

（2）负载电流最大有效值。

（3）最大输出功率和功率因数。

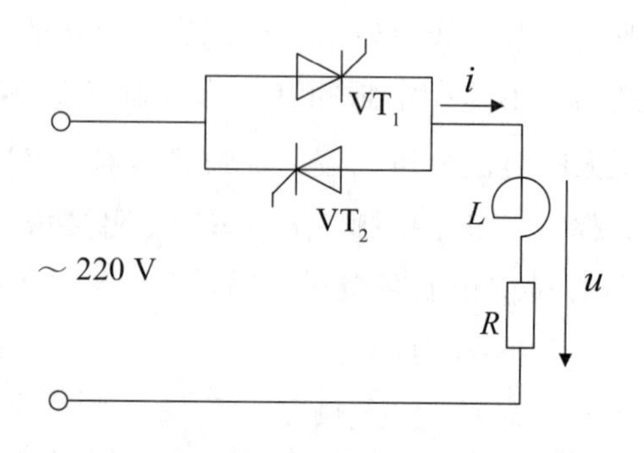

图 3-11　习题 3-8 图

3-9 采用双向晶闸管组成的单相调功电路采用过零触发，U_2 = 220 V，负载电阻 R = 1 Ω，在控制的设定周期 T_c 内，使晶闸管导通 0.3 s，断开 0.2 s。试计算：

（1）输出电压的有效值。

（2）负载上所得的平均功率与假定晶闸管一直导通时输出的功率。

（3）选择双向晶闸管的型号。

课题二　软启动器

【课题描述】

应用三相交流调压电路可以构成电动机软启动器，如图 3-12 所示。

图 3-12　电动机软启动器

软启动器可以减少启动电流（实际上是降低启动电压），使电动机在启制动过程中，将电压缓慢地加在电动机上，使电动机和负载平滑地进行加速及减速。通过软启动器装置相控调压，使启动转矩逐渐增加，减少损耗，延长电动机和电源的寿命；另一方面，减少了初始浪涌电流，也减少了对电网的干扰。在不需要变速的场合下，它比变频器具有更好的性能价格比。近年来，软启动器得到了越来越广泛的应用。

【学习目标】

- 掌握三相交流调压电路的工作原理和波形分析。
- 掌握三相交流调压应用电路的分析方法。
- 了解软启动器的功能。

【相关知识】

单相交流调压适用于单相容量小的负载，当交流功率调节容量较大时通常采用三相交流调压电路，如三相电热路、电解与电镀等设备。根据三相联结形式的不同，三相交流调压电路具有多种形式，负载可连接成△或 Y 形。三相交流调压电路接线方式及性能特点如表 3-2 所示。

表 3-2　三相交流调压电路接线方式及性能特点

电路名称	电路图	晶闸管工作电压（峰值）	晶闸管工作电流（峰值）	移向范围	线路性能特点
星行带中性线的三相交流调压	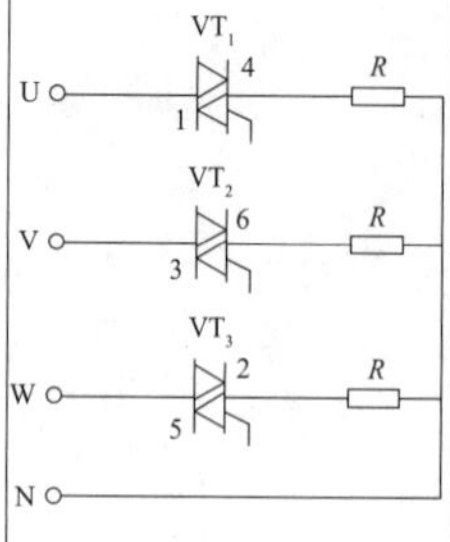 U, V, W, N, VT1, VT2, VT3, 1–6, R	$\sqrt{\frac{2}{3}}U_1$	$0.45I_1$	0° ~ 180°	（1）是三个单相电路的组合 （2）输出电压、电流波形对称 （3）因有中性线可流过谐波电流，特别是 3 次谐波电流 （4）适用于中小容量可接中性线的各种负载
晶闸管与负载连接成内三角形的三相交流调压	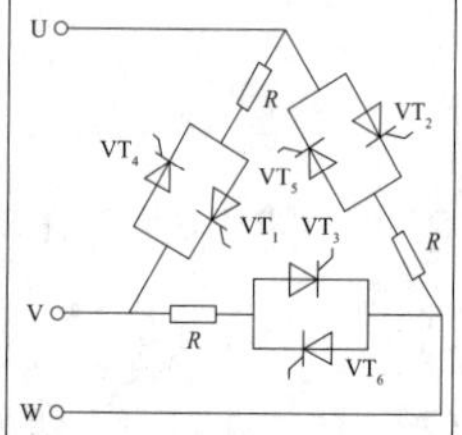 U, V, W, VT1–VT6, R	$\sqrt{2}U_1$	$0.26I_1$	0° ~ 150°	（1）是三个单相电路的组合 （2）输出电压、电流波形对称 （3）与 Y 联结比较，在同容量时，此电路可选电流小、耐压高的晶闸管 （4）此种接法实际应用较少
三相三线交流调压	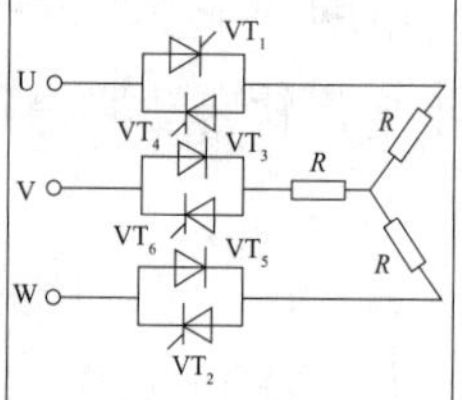 U, V, W, VT1–VT6, R	$\sqrt{2}U_1$	$0.45I_1$	0° ~ 180°	（1）负载对称，且三相皆有电流时，如同三个单相组合 （2）应采用双窄脉冲或大于 60° 的宽脉冲触发 （3）不存在 3 次谐波电流 （4）适用于各种负载
控制负载中性点的三相交流调压	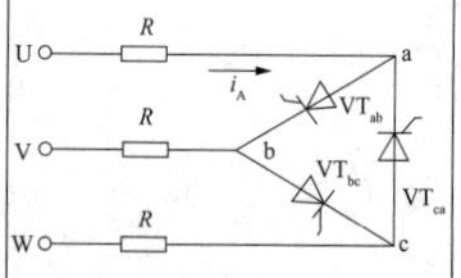 U, V, W, R, i_A, a, b, c, VT_{ab}, VT_{bc}, VT_{ca}	$\sqrt{2}U_1$	$0.68I_1$	0° ~ 210°	（1）线路简单，成本低 （2）适用于三相负载 Y 联结，且中性点能拆开的场合 （3）因线间只有一个晶闸管，属于不对称控制

【思考题】

3-10　谈一谈对三相交流调压电路的工作原理和波形的认识与理解。

3-11　如何进行三相三线交流调压？

3-12　对控制负载中性点的三相交流调压进行操作。

课题三　交流固态继电器

【课题描述】

固态继电器是一种四端有源、无触点通断的电子开关器件，其中两个端子为输入控制端，另外两端为输出受控端。它利用分立元件、集成器件及微电子技术，实现了控制回路与负载回路之间的电隔离和信号耦合。由于固态继电器的接通和断开没有机械接触部件，因而具有控制功率小、开关速度快、工作频率高、使用寿命长、抗干扰能力强和动作可靠等一系列特点，目前在许多自动控制装置中得到了广泛应用。其外形图如图 3-13 所示。

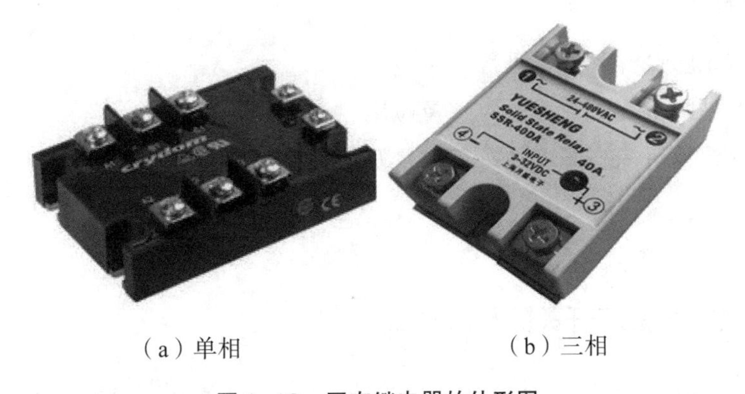

（a）单相　　　　（b）三相

图 3-13　固态继电器的外形图

图 3-14 为交流固态继电器工作原理图。1、2 为两个 输入端；3、4 为两个输出端。VT_1 为光耦合器，用以实现输入与输出间的电气隔离，VT_2 为放大器，VC 为整流桥，由 VTH_1 和 VC 来获得使双向晶闸管 VTH_2 导通的双向触发脉冲。

当输入端控制信号加入时，光耦合器中的发光二极管发光，光敏晶体管导通，使 VT_2 截止，VTH_1 导通，从而使 VTH_2 的控制极上获得一触发脉冲而导通，因此负载接通交流电源。当输入控制信号去掉后，光耦合器截止，VT_2 饱和导通，VTH_1 截止，但此时 VTH_2 仍保持导通，直到负载电流随外部电压减小到小于双向晶闸管的维持电流为止。

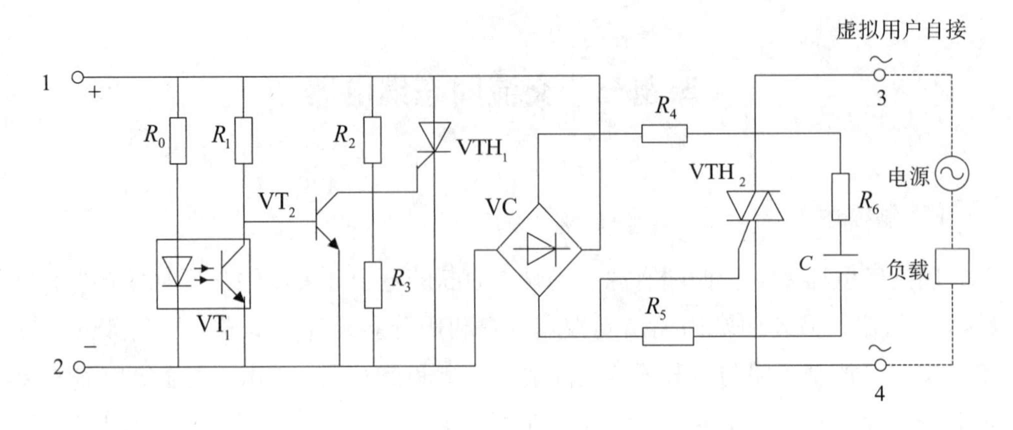

图 3-14　交流固态继电器工作原理图

【学习目标】

➢ 了解无触点开关的常见形式及应用。
➢ 掌握晶闸管交流开关的原理及应用。
➢ 能熟练地对固态继电器进行测量及接线操作。

【相关知识】

一、晶闸管交流开关的基本形式

晶闸管交流开关是以其门极中毫安级的触发电流来控制其阳极中几安至几百安大电流通断的装置。在电源电压为正半周时，晶闸管承受正向电压并触发导通，在电源电压过零或为负时承受反向电压，在电流过零时自然关断。由于晶闸管总是在电流过零时关断，因而在关断时不会因负载或线路中电感储能而造成暂态过电压。

图 3-15 为几种晶闸管交流开关的基本形式。图 3-15（a）是普通晶闸管反并联形式。当开关 S 闭合时，两只晶闸管均以管子本身的阳极电压作为触发电压进行触发，这种触发属于强触发，对要求大触发电流的晶闸管也能可靠触发。随着交流电源的正负交变，两管轮流导通，在负载上得到基本为正弦波的电压。图 3-15（b）为双向晶闸管交流开关，双向晶闸管工作于Ⅰ+、Ⅲ－触发方式，这种线路比较简单，但其工作频率低于反并联电路。图 3-15（c）为带整流桥的晶闸管交流开关。该电路只用一只普通晶闸管，且晶闸管不受反压，其缺点是串联元件多，压降损耗较大。

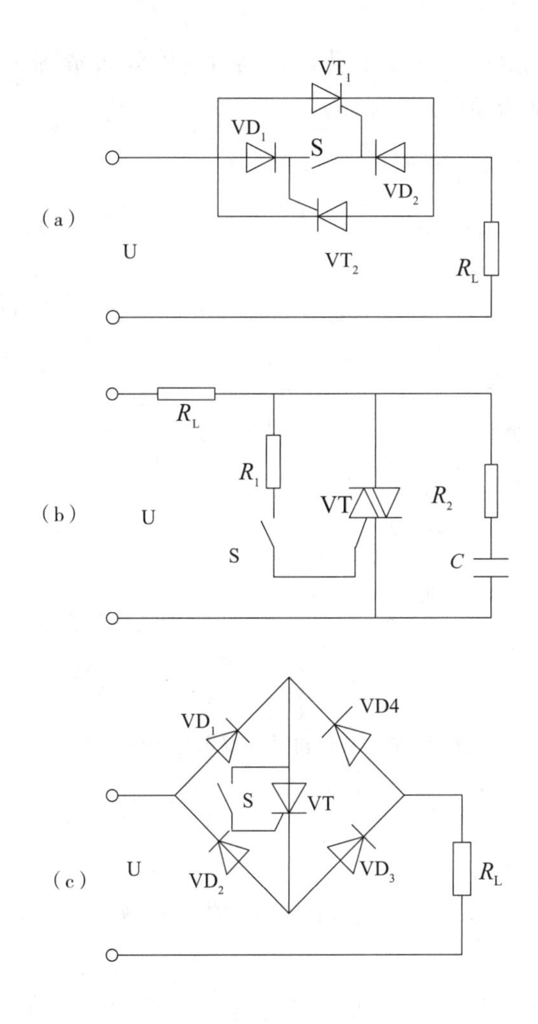

图 3-15 晶闸管交流开关的基本形式

图 3-16 是一个三相自动控温电热炉电路，它采用双向晶闸管作为功率开关，与 KT 温控仪配合，实现三相电热炉的温度自动控制。控制开关 S 有三个挡位：自动、手动、停止。当 S 拨至“手动”位置时，中间继电器 KA 得电，主电路中三个本相强触发电路工作，VT_1 ~ VT_3 导通，电路一直处于加热状态，须由人工控制 SB 按钮来调节温度。当 S 拨至“自动”位置时，温控仪 KT 自动控制晶闸管的通断，使炉温自动保持在设定温度上。若炉温低于设定温度，温控仪 KT（调节式毫伏温度计）使常开触点 KT 闭合，晶闸管 VT_4 被触发，KA 得电，使 VT_1 ~ VT_3 导通，R_L 发热使炉温升高。炉温升至设定温度时，温控仪控制触点 KT 断开，KA 失电，VT_1 ~ VT_3 关断，停止加热。待炉温降至设定温度以下时，再次加热。如此反复，则炉温被控制在设定温度附近的小范围内。由于继电器线圈 KA 导通电流不大，故 VT_4 采用小容量的双向晶闸管即可。各双向晶闸管的门

极限流电阻（R_1*、R_2*）可由实验确定，其值以使双向晶闸管两端交流电压减到 2 ～ 5 V 为宜，通常为 30 Ω ～ 3 kΩ。

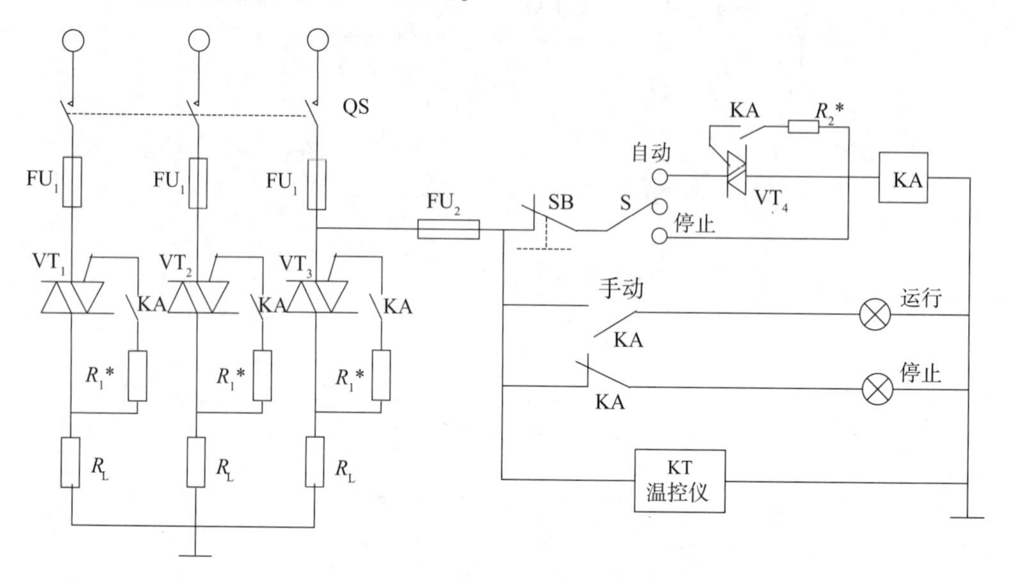

图 3–16　三相自动控温电热炉电路图

二、固态开关

固态开关也称为固态继电器或固态接触器，它是以双向晶闸管为基础构成的无触点通断组件。

图 3-17（a）为采用光电三极管耦合器的“0”压固态开关内部电路。1、2 为输入端，相当于继电器或接触器的线圈；3、4 为输出端，相当于继电器或接触器的一对触点，与负载串联后接到交流电源上。

输入端接上控制电压，使发光二极管 VD_2 发光，光敏管 V_1 阻值减小，使原来导通的晶体管 V_2 截止，原来阻断的晶闸管 VT_1 通过 R_4 被触发导通。输出端交流电源通过负载、二极管 VD_1 ～ VD_6、VT_1 以及 R_6 构成通路，在电阻 R_5 上产生电压降作为双向晶闸管 VT_2 的触发信号，使 VT_2 导通，负载得电。由于 VT_2 的导通区域处于电源电压的“0”点附近，因而具有“0”电压开关功能。

图 3-17（b）为光电晶闸管耦合器“0”电压开关。由输入端 1、2 输入信号，光电晶闸管耦合器 B 中的光控晶闸管导通；电流经 3—VD_4—B—VD_1—R_4—4 构成回路；借助 R_4 上的电压降向双向晶闸管 VT 的控制极提供分流，使 VT 导通。由 R_3、R_2 与 V_1 组成“0”电压开关功能电路，即当电源电压过“0”并升至一定幅值时，V_1 导通，光控晶闸管则被关断。

图 3-17（c）为光电双向晶闸管耦合器非“0”电压开关。由输入端 1、2 输入信号时，光电双向晶闸管耦合器 B 导通；电流经 3—R_2—B—R_3—4 形成回路，R_3 提供双向晶闸管 VT 的触发信号。这种电路相对于输入信号的任意相位，交流电源均可同步接通，因而称为非“0”电压开关。

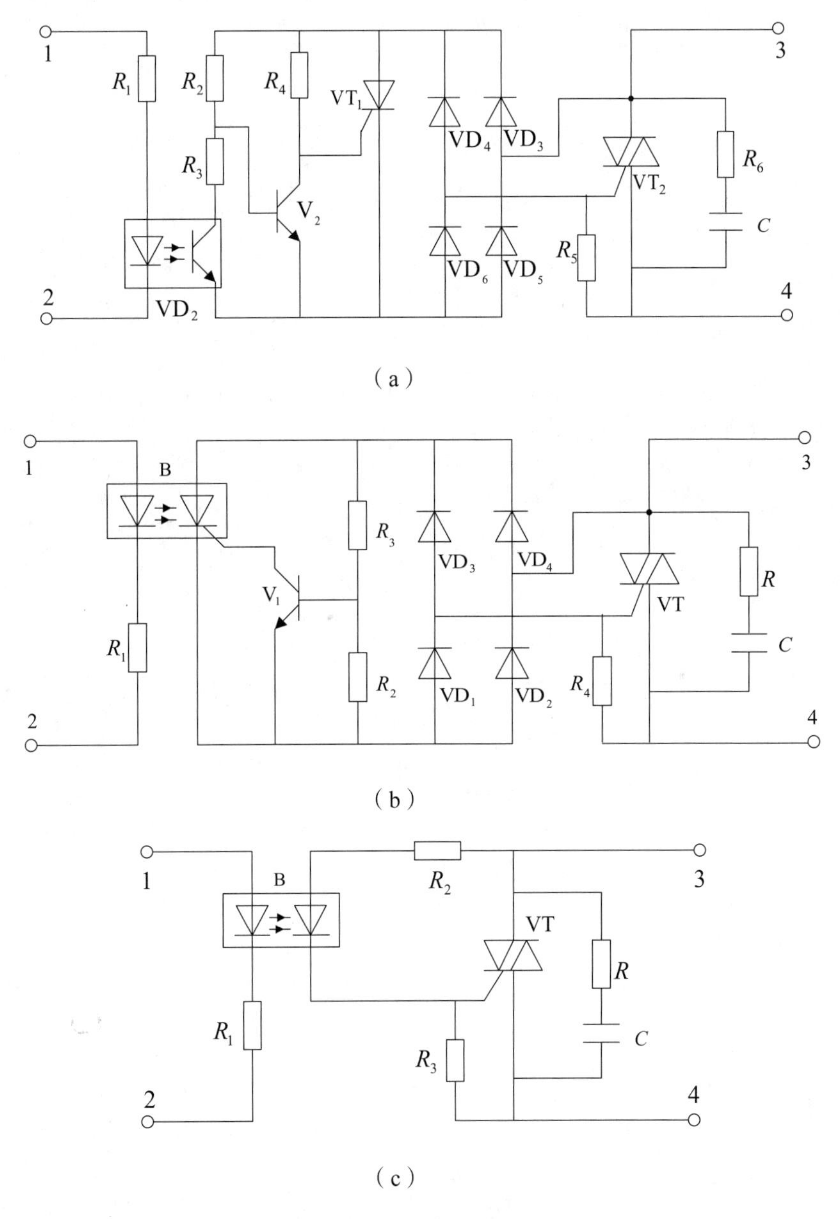

图 3-17　固态开关

【思考题】

3-13 无触点开关的常见形式及应用有哪些？

3-14 晶闸管交流开关的原理是什么？它的应用有哪些？

3-15 对固态继电器进行测量及实际接线操作，并谈一谈体会。

模块四　直流变换电路

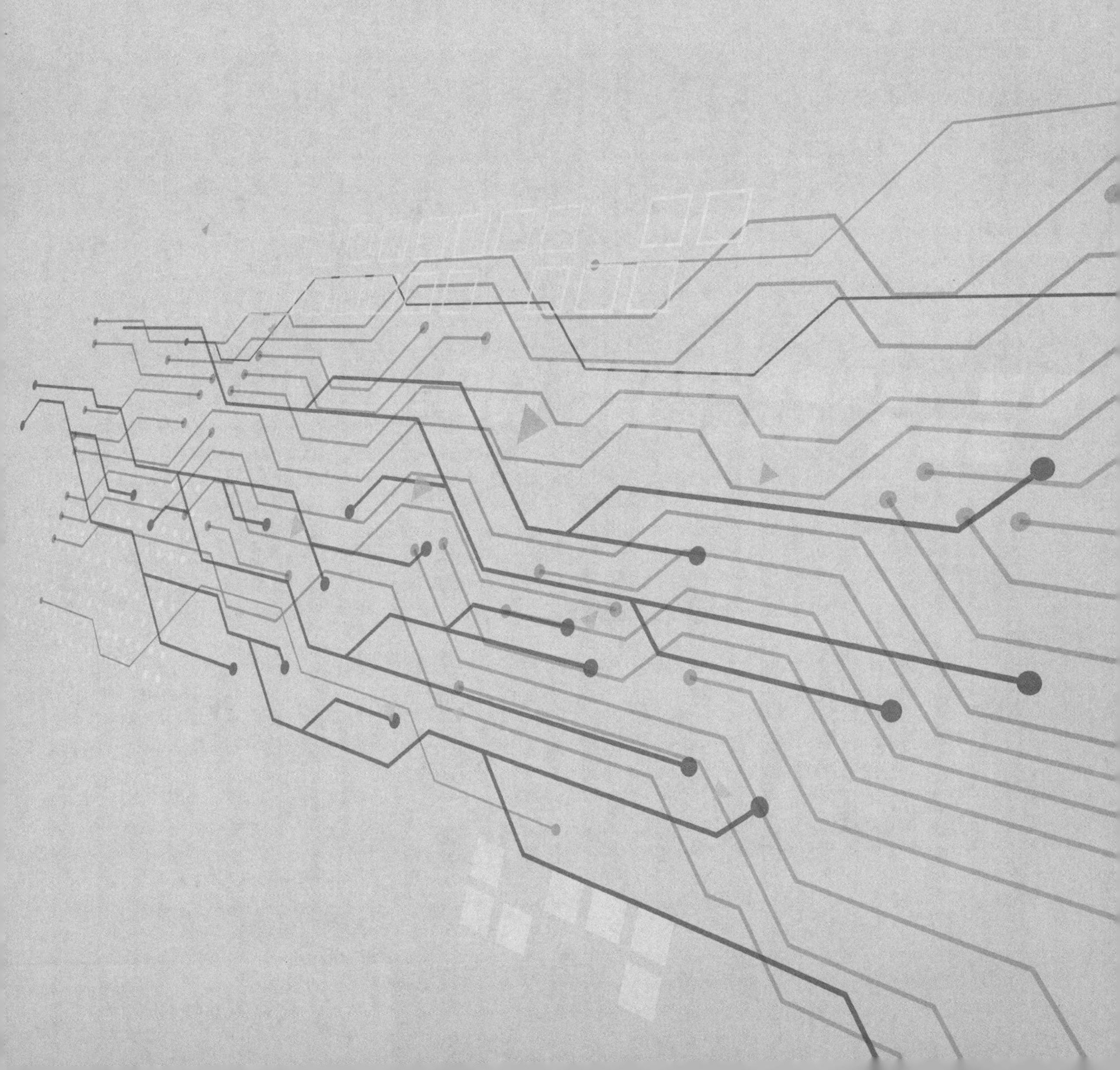

课题一 开关电源

【课题描述】

开关电源是一种高效率、高可靠性、小型化、轻型化的稳压电源，是电子设备的主流电源，广泛应用于生活、生产、军事等各个领域。各种计算机设备、彩色电视机等家用电器等都大量采用了开关电源。图 4-1 是常见的 PC 主机开关电源。

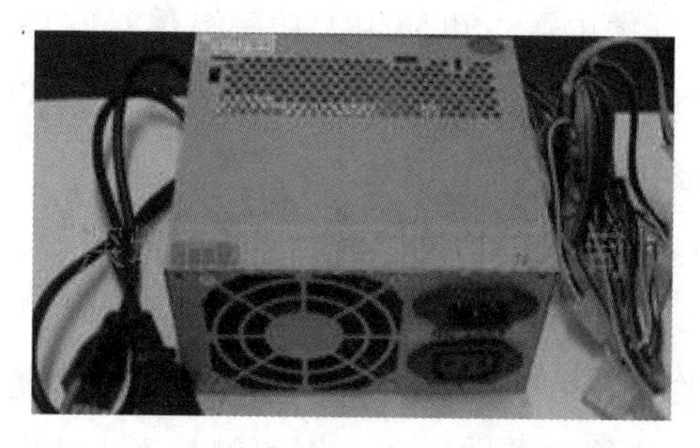

图 4-1 PC 主机开关电源

PC 主机开关电源的基本作用就是将交流电网的电能转换为适合各个配件使用的低压直流电供给整机使用。一般由高压直流到低压多路直流的电路称 DC/DC 变换，是开关电源的核心技术。

由高压直流到低压多路直流的电路称为 DC/DC 变换，是开关电源（见图 4-2）的核心技术。

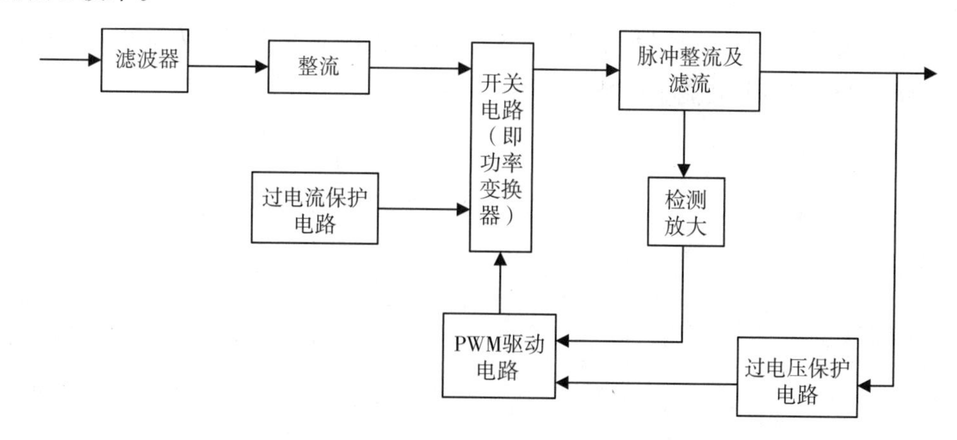

图 4-2 开关电源的原理框图

【学习目标】

➢ 掌握开关电源主要器件（大功率晶体管GTR、功率场效应晶体管MOSFET）的工作原理和特性。

➢ 掌握DC/DC变换电路的基本概念和工作原理。

➢ 熟悉PC主机开关电源典型故障现象及检修方法。

【相关知识】

一、开关器件

开关器件有许多，经常使用的是场效应晶体管MOSFET、绝缘栅双极型晶体管IGBT，在小功率开关电源上也使用大功率晶体管GTR，本实例中使用的是GTR。本课题中介绍GTR和MOSFET两种开关器件，IGBT在课题二中介绍。

（一）大功率晶体管GTR

1. 大功率晶体管的结构和工作原理

（1）基本结构

通常把集电极最大允许耗散功率在1 W以上，或最大集电极电流在1 A以上的三极管称为大功率晶体管，其结构和工作原理都和小功率晶体管非常相似。由三层半导体、两个PN结组成，有PNP和NPN两种结构，其电流由两种载流子（电子和空穴）的运动形成，所以称为双极型晶体管。

图4-3（a）是NPN型功率晶体管的内部结构，电气图形符号如图4-3（b）所示。大多数GTR是用三重扩散法制成的，或者是在集电极高掺杂的N^+硅衬底上用外延生长法生长一层N漂移层，然后在上面扩散P基区，接着扩散掺杂的N^+发射区。

大功率晶体管通常采用共发射极接法，图4-3（c）给出了共发射极接法时的功率晶体管内部主要载流子流动示意图。

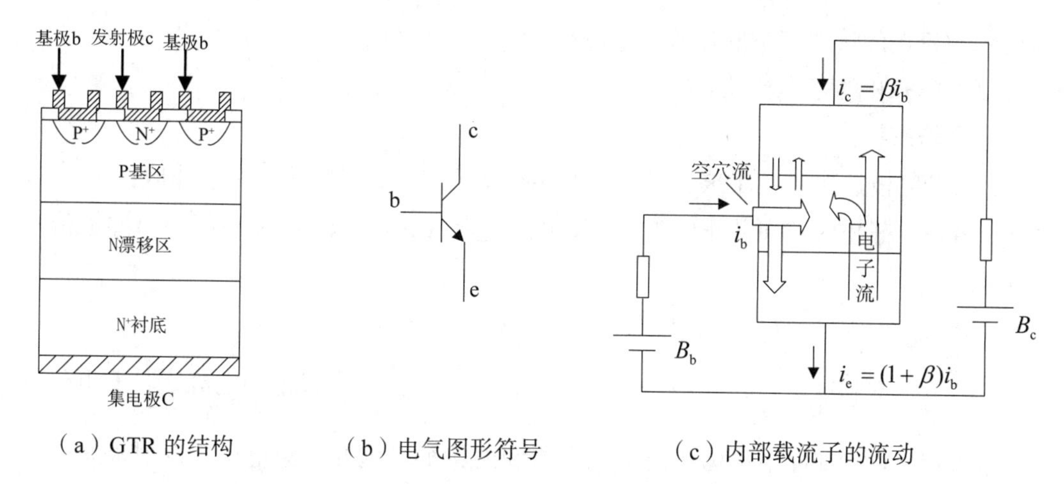

（a）GTR 的结构　　（b）电气图形符号　　（c）内部载流子的流动

图 4-3　GTR 的结构、电气图形符号和内部载流子流动

一些常见大功率晶体三极管的外形如图 4-4 所示。由此可知，大功率晶体三极管的外形除体积比较大外，其外壳上都有安装孔或安装螺钉，便于将三极管安装在外加的散热器上。因为对大功率三极管来讲，单靠外壳散热是远远不够的。例如，50 W 的硅低频大功率晶体三极管，如果不加散热器工作，其最大允许耗散功率仅为 2 ～ 3 W。

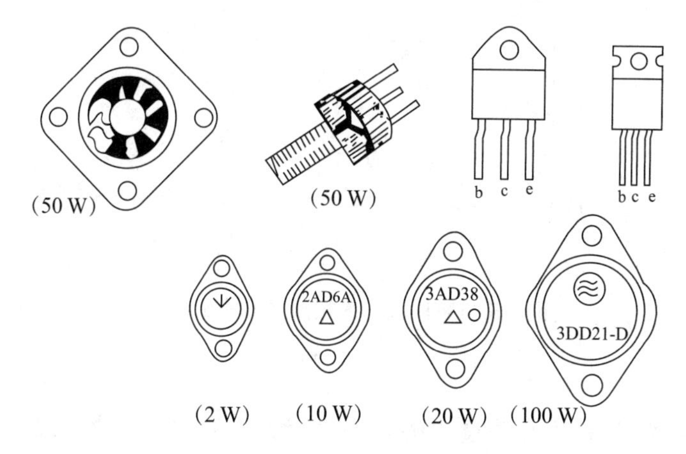

图 4-4　常见大功率三极管外形

（2）工作原理

在电力电子技术中，GTR 主要工作在开关状态。晶体管通常连接共发射极电路，NPN 型 GTR 通常工作在正偏（$I_b>0$）时大电流导通；反偏（$I_b<0$）时处于截止高电压状态。因此，给 GTR 的基极施加幅度足够大的脉冲驱动信号，它将工作于导通和截止的开关工作状态。

2. GTR 的特性与主要参数

（1）GTR 的基本特性

① 静态特性

共发射极接法时，GTR 的典型输出特性如图 4-5，可分为三个工作区：

第一，截止区。在截止区内，$I_b \leqslant 0$，$U_{be} \leqslant 0$，$U_{bc} < 0$，集电极只有漏电流流过。

第二，放大区。$I_b > 0$，$U_{be} > 0$，$U_{bc} < 0$，$I_c = \beta I_b$。

第三，饱和区。$I_b > \frac{I_{\varepsilon}}{\beta}$，$U_{be} > 0$，$U_{bc} > 0$。$I_{cs}$ 是集电极饱和电流，其值由外电路决定。两个 PN 结都为正向偏置是饱和的特征。饱和时集电极、发射极间的管压降 U_{ces} 很小，相当于开关接通，这时尽管电流很大，但损耗并不大。GTR 刚进入饱和时为临界饱和，如 I_b 继续增加，则为过饱和。用作开关时，应工作在深度饱和状态，这有利于降低 U_{ces} 和减小导通时的损耗。

GTR 共发射极接法的输出特性如图 4-5 所示。

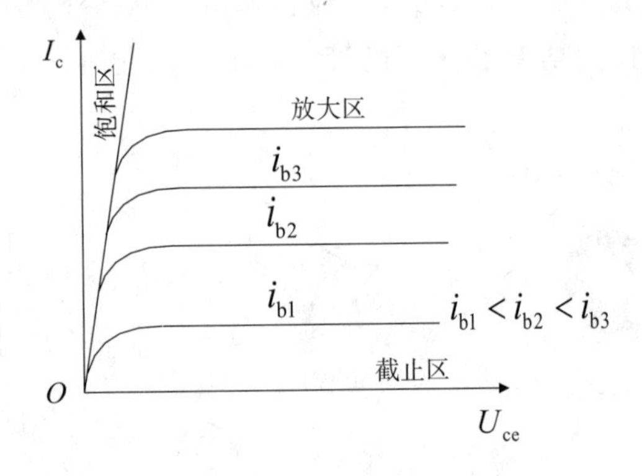

图 4-5　GTR 共发射极接法的输出特性

② 动态特性

动态特性描述 GTR 开关过程的瞬态性能，又称开关特性。在实际应用中，GTR 通常工作在频繁开关状态。为正确、有效地使用 GTR，应了解其开关特性。图 4-6 表明了 GTR 开关特性的基极、集电极电流波形。

整个工作过程分为开通过程、导通状态、关断过程、阻断状态四个不同的阶段。图中开通时间 t_{on} 对应着 GTR 由截止到饱和的开通过程，关断时间 t_{off} 对应着 GTR 由饱和到截止的关断过程。

GTR 的开通过程是从 t_0 时刻起注入基极驱动电流，这时并不能立刻产生集电极电流，过一小段时间后，集电极电流开始上升，逐渐增至饱和电流值 I_{cs}。把 i_c

达到 10% I_{cs} 的时刻定为 t_1，达到 90% I_{cs} 的时刻定为 t_2，则把 t_0 到 t_1 这段时间称为延迟时间，以 t_d 表示，把 t_1 到 t_2 这段时间称为上升时间，以 t_r 表示。

要关断 GTR，通常给基极加一个负的电流脉冲。但集电极电流并不能立即减小，而要经过一段时间才能开始减小，再逐渐降为零。把 i_b 降为稳态值 I_{b_1} 的 90% 的时刻定为 t_3，i_c 下降到 90% I_{cs} 的时刻定为 t_4，下降到 10% I_{cs} 的时刻定为 t_5，则把 t_3 到 t_4 这段时间称为储存时间，以 t_s 表示，把 t_4 到 t_5 这段时间称为下降时间，以 t_f 表示。

延迟时间 t_d 和上升时间 t_r 之和是 GTR 从关断到导通所需要的时间，称为开通时间，以 t_{on} 表示，则 $t_{on} = t_d + t_r$。

储存时间 t_s 和下降时间 t_f 之和是 GTR 从导通到关断所需要的时间，称为关断时间，以 t_{off} 表示，则 $t_{off} = t_s + t_f$。

GTR 在关断时漏电流很小，导通时饱和压降很小。因此，GTR 在导通和关断状态下损耗都很小，但在关断和导通的转换过程中，电流和电压都较大，随意开关过程中损耗也较大。当开关频率较高时，开关损耗是总损耗的主要部分。因此，缩短开通和关断时间对降低损耗、提高效率和运行可靠性很有意义。

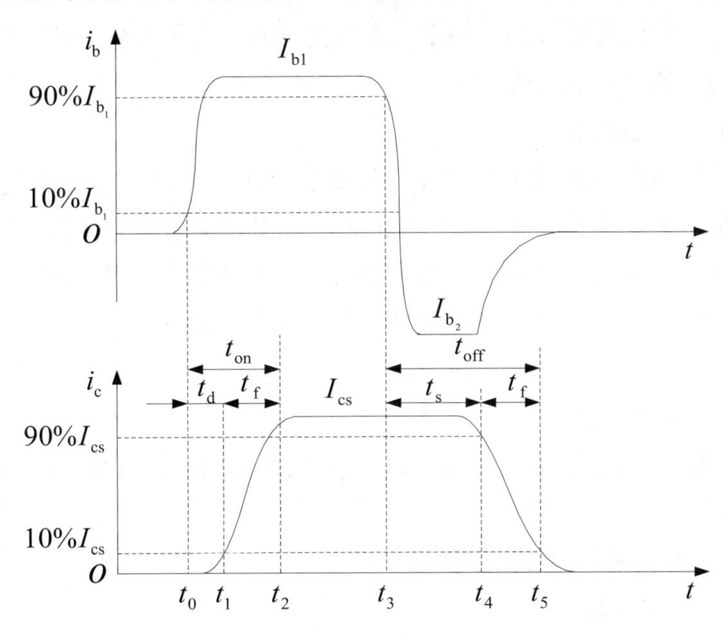

图 4-6　开关过程中 i_b 和 i_c 的波形

（2）GTR 的参数

这里主要讲述 GTR 的极限参数，即最高工作电压、最大工作电流、最大耗散功率和最高工作结温等。

① 最高工作电压

GTR 上所施加的电压超过规定值时，就会发生击穿。击穿电压不仅和晶体管本身特性有关，还与外电路接法有关。

U_{cbo}：发射极开路时，集电极和基极间的反向击穿电压。

U_{ceo}：基极开路时，集电极和发射极之间的击穿电压。

U_{cer}：实际电路中，GTR 的发射极和基极之间常接有电阻 R，这时用 U_{cer} 表示集电极和发射极之间的击穿电压。

U_{ces}：当 R 为 0，即发射极和基极短路，用 U_{ces} 表示其击穿电压。

U_{cex}：发射结反向偏置时，集电极和发射极之间的击穿电压。

其中 $U_{cbo}>U_{cex}>U_{ces}>U_{cer}>U_{ceo}$，实际使用时，为确保安全，最高工作电压要比 U_{ceo} 低得多。

② 集电极最大允许电流 I_{cM}

GTR 流过的电流过大，会使 GTR 参数劣化，性能将变得不稳定，尤其是发射极的集边效应可能导致 GTR 损坏。因此，必须规定集电极最大允许电流值。通常规定共发射极电流放大系数下降到规定值的 1/2 ~ 1/3 时，所对应的电流 I_c 为集电极最大允许电流，以 I_{cM} 表示。实际使用时还要留有较大的安全余量，一般只能用到 I_{cM} 值的一半或稍多些。

③ 集电极最大耗散功率 P_{cM}

集电极最大耗散功率是在最高工作温度下允许的耗散功率，用 P_{cM} 表示。它是 GTR 容量的重要标志。晶体管功耗的大小主要由集电极工作电压和工作电流的乘积来决定，它将转化为热能使晶体管升温，晶体管会因温度过高而损坏。实际使用时，集电极允许耗散功率和散热条件与工作环境温度有关。所以在使用中应特别注意 I_{cM} 不能过大，散热条件要好。

④ 最高工作结温 T_{JM}

GTR 正常工作允许的最高结温，以 T_{JM} 表示。GTR 结温过高时，会导致热击穿而烧坏。

3. GTR 的二次击穿和安全工作区

（1）二次击穿问题

实践表明，GTR 即使工作在最大耗散功率范围内，仍有可能突然损坏，其原因一般是由二次击穿引起的，二次击穿是影响 GTR 安全可靠工作的一个重要因素。

二次击穿是由于集电极电压升高到一定值（未达到极限值）时，发生雪崩效应造成的。照理，只要功耗不超过极限，管子是可以承受的，但是在实际使用中会出现负阻效应，I_e 进一步剧增。由于管子结面的缺陷、结构参数的不均匀，使局部电流密度剧增，形成恶性循环，使管子损坏。

二次击穿的持续时间在纳秒到微秒之间完成，由于管子的材料、工艺等因素的分散性，二次击穿难以计算和预测。防止二次击穿的办法如下：第一，应使实际使用的工作电压比反向击穿电压低得多；第二，必须有电压电流缓冲保护措施。

（2）安全工作区

以直流极限参数 I_{cM}、P_{cM}、U_{ceM} 构成的工作区为一次击穿工作区，如图 4-7 所示。以 U_{SB}（二次击穿电压）与 I_{SB}（二次击穿电流）组成的 P_{SB}（二次击穿功率）如图中虚线所示，它是一个不等功率曲线。以 3DD8E 晶体管测试数据为例，其 $P_{cM}=100$ W，$BU_{ceo}\geqslant 200$ V，但由于受到击穿的限制，当 $U_{ce}=100$ V 时，P_{SB} 为 60 W，$U_{ce}=200$ V 时 P_{SB} 仅为 28 W，所以为了防止二次击穿，要选用足够大功率的管子，实际使用的最高电压通常比管子的极限电压低很多。

安全工作区是在一定的温度条件下得出的，如环境温度 25℃或壳温 75℃等，使用时若超过上述指定温度值，允许功耗和二次击穿耐量都必须降额。

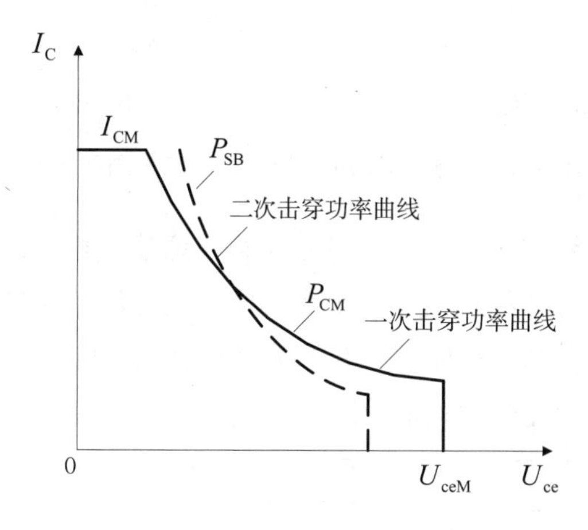

图 4-7 GTR 安全工作区

（二）功率场效应晶体管 MOSFET

功率场效应晶体管（metal oxide semiconductor field effect transistor）简称 MOSFET，与 GTR 相比，功率 MOSFET 具有开关速度快、损耗低、驱动电流小、无二次击穿现象等优点。它的缺点是电压不能太高，电流容量也不能太大，所以目前只适用于小功率电力电子变流装置。

1. 功率 MOSFET 的结构及工作原理

（1）结构

功率场效应晶体管是压控型器件，其门极控制信号是电压。它的三个极分别是栅极 G、源极 S、漏极 D。功率场效应晶体管有 N 沟道和 P 沟道两种。N 沟道中载流子是电子，P 沟道中载流子是空穴，都是多数载流子，其中每一类又可分为增强型和耗尽型两种。耗尽型就是当栅源间电压 $U_{GS}=0$ 时存在导电沟道，漏极电流 $I_D \neq 0$；增强型就是当 $U_{GS}=0$ 时没有导电沟道，$I_D=0$，只有当 $U_{GS}>0$（N 沟道）或 $U_{GS}<0$（P 沟道）时才开始有 I_D。功率 MOSFET 绝大多数是 N 沟道增强型，这是因为电子作用比空穴大得多。N 沟道和 P 沟道 MOSFET 的电气图形符号如图 4-8 所示。

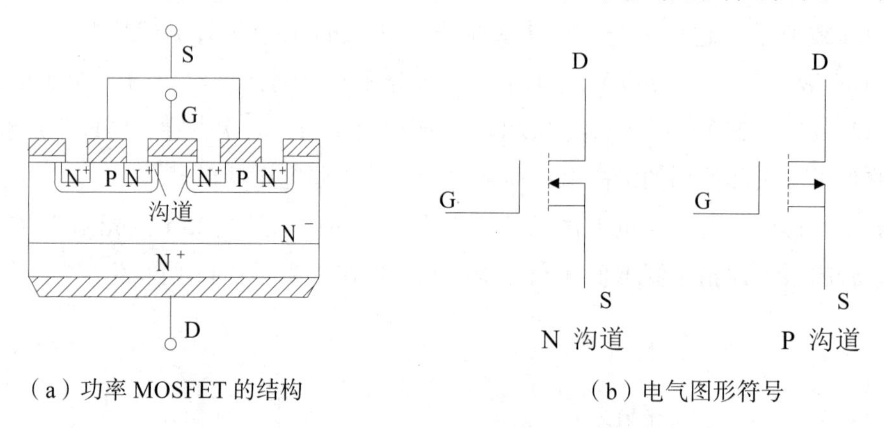

（a）功率 MOSFET 的结构　　（b）电气图形符号

图 4-8　功率 MOSFET 的结构和电气图形符号

功率场效应晶体管与小功率场效应晶体管原理基本相同，但是为了提高电流容量和耐压能力，在芯片结构上却有很大不同：电力场效应晶体管采用小单元集成结构来提高电流容量和耐压能力，并且采用垂直导电排列来提高耐压能力。

几种功率场效应晶体管的外形见图 4-9。

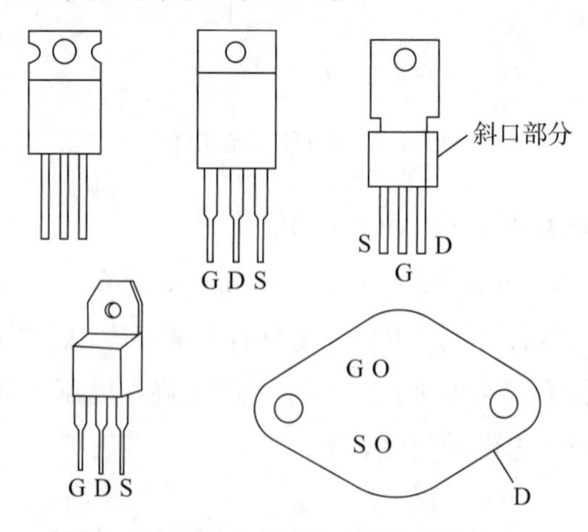

图 4-9　几种功率场效应晶体管的外形

（2）工作原理

当 D、S 加正电压（漏极为正，源极为负），$U_{GS}=0$ 时，P 体区和 N 漏区的 PN 结反偏，D、S 之间无电流通过；如果在 G、S 之间加一正电压 U_{GS}，由于栅极是绝缘的，所以不会有电流流过，但栅极的正电压会将其下面 P 区中的空穴推开，而将 P 区中的少数载流子电子吸引到栅极下面的 P 区表面。当 U_{GS} 大于某一电压 U_T 时，栅极下 P 区表面的电子浓度将超过空穴浓度，从而使 P 型半导体反型成 N 型半导体而成为反型层，该反型层形成 N 沟道而使 PN 结 J_1 消失，漏极和源极导电。电压 U_T 叫作开启电压或阈值电压，U_{GS} 超过 U_T 越多，导电能力越强，漏极电流越大。

2. 功率 MOSFET 的特性与参数

（1）功率 MOSFET 的特性

① 转移特性

I_D 和 U_{GS} 的关系曲线反映了输入电压和输出电流的关系，称为 MOSFET 的转移特性。如图 4-10（a）所示。从图中可知，I_D 较小时，I_D 与 U_{GS} 的关系近似线性，曲线的斜率被定义为 MOSFET 的跨导，即：

$$G_{fs}=\frac{dI_D}{dU_{GS}} \tag{4-1}$$

MOSFET 是电压控制型器件，其输入阻抗极高，输入电流非常小。

② 输出特性

图 4-10（b）是 MOSFET 的漏极伏安特性，即输出特性。从图中可以看出，MOSFET 有三个工作区：

第一，截止区。$U_{GS} \leqslant U_T$，$I_D=0$，这和电力晶体管的截止区相对应。

第二，饱和区。$U_{GS}>U_T$，$U_{DS} \geqslant U_{GS}-U_T$，当 U_{GS} 不变时，I_D 几乎不随 U_{DS} 的增加而增加，近似为一常数，故称饱和区。这里的饱和区并不和电力晶体管的饱和区对应，而对应于后者的放大区。当用作线性放大时，MOSFET 工作在该区。

第三，非饱和区。$U_{GS}>U_T$，$U_{DS}<U_{GS}-U_T$，漏源电压 U_{DS} 和漏极电流 I_D 之比近似为常数。该区对应于电力晶体管的饱和区。当 MOSFET 作开关应用而导通时即工作在该区。

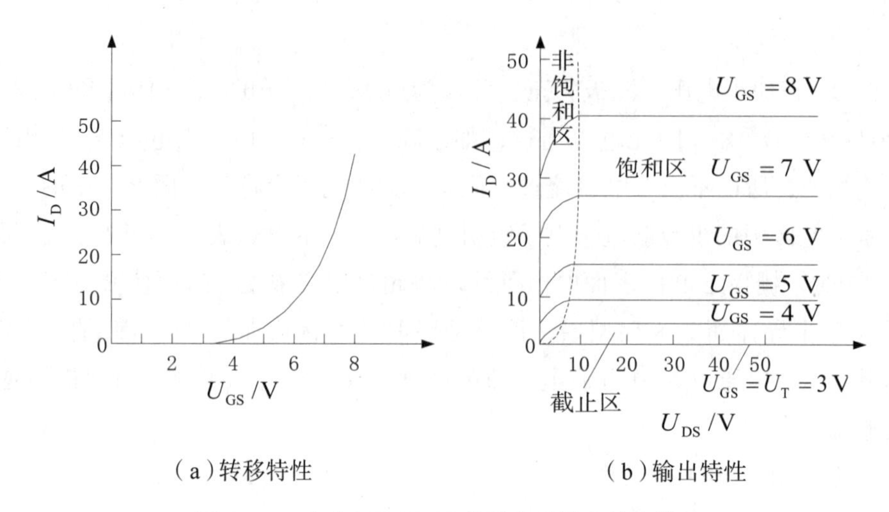

图 4-10　电力 MOSFET 的转移特性和输出特性

在制造功率 MOSFET 时，为提高跨导并减少导通电阻，在保证所需耐压的条件下，应尽量减小沟道长度。因此，每个 MOSFET 元都要做得很小，每个元能通过的电流也很小。为了能使器件通过较大的电流，每个器件由许多个 MOSFET 元组成。

③ 开关特性

图 4-11 是用来测试 MOSFET 开关特性的电路。图中 u_p 为矩形脉冲电压信号源，波形见图 4-11（b）所示，R_s 为信号源内阻，R_G 为栅极电阻，R_L 为漏极负载电阻，R_F 用于检测漏极电流。因为 MOSFET 存在输入电容 C_{in}，所以当脉冲电压 u_p 的前沿到来时，C_{in} 有充电过程，栅极电压 U_{GS} 呈指数曲线上升。当 U_{GS} 上升到开启电压 U_T 时开始出现漏极电流 i_D。从 u_p 的前沿时刻到 $u_{GS}=U_T$ 的时刻，这段时间称为开通延迟时间 $t_{d(on)}$。此后，i_D 随 U_{GS} 的上升而上升。u_{GS} 从开启电压上升到 MOSFET 进入非饱和区的栅压 U_{GPS} 这段时间称为上升时间 t_r，这时相当于电力晶体管的临界饱和，漏极电流 i_D 也达到稳态值。i_D 的稳态值由漏极电压和漏极负载电阻所决定，U_{GPS} 的大小和 i_D 的稳态值有关。u_{GS} 的值达 U_{GPS} 后，在脉冲信号源 u_p 的作用下继续升高直至到达稳态值，但 i_D 已不再变化，相当于电力晶体管处于饱和。MOSFET 的开通时间 t_{on} 为开通延迟时间 $t_{d(on)}$ 与上升时间 t_r 之和，即：

$$t_{on}=t_{d(on)}+t_r \tag{4-2}$$

当脉冲电压 u_p 下降到零时，栅极输入电容 C_{in} 通过信号源内阻 R_S 和栅极电阻 R_G（$\geqslant R_S$）开始放电，栅极电压 u_{GS} 按指数曲线下降，当下降到 U_{GPS} 时，漏极电流 i_D 才开始减小，这段时间称为关断延迟时间 $t_{d(off)}$。此后，C_{in} 继续放电，u_{GS}

从 U_{GPS} 继续下降，i_D 减小，到 u_{GS} 小于 U_T 时沟道消失，i_D 下降到零。这段时间称为下降时间 t_f。关断延迟时间 $t_{d(off)}$ 和下降时间 t_f 之和为关断时间 t_{off}，即：

$$t_{off}=t_{d(off)}+t_f \qquad (4\text{-}3)$$

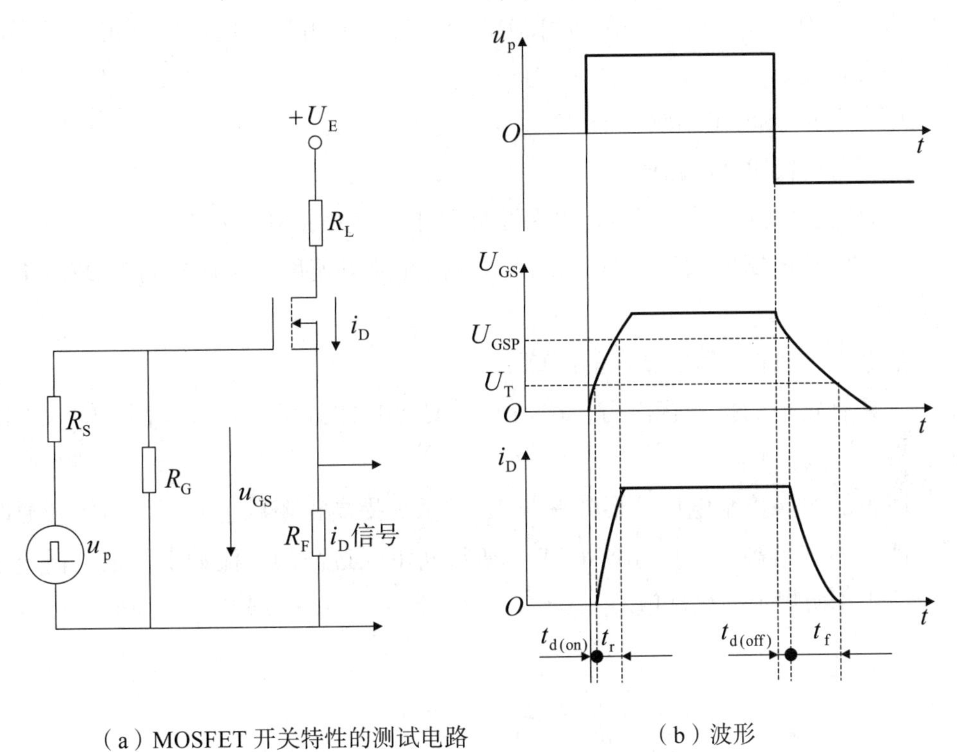

（a）MOSFET 开关特性的测试电路　　（b）波形

图 4-11　功率 MOSFET 的开关过程

从上面的分析可以看出，MOSFET 的开关速度和其输入电容的充放电有很大关系。使用者虽然无法降低其 C_{in} 值，但可以降低栅极驱动回路信号源内阻 R_S 的值，从而减小栅极回路的充放电时间常数，加快开关速度。MOSFET 的工作频率可达 100 kHz 以上。

MOSFET 是场控型器件，在静态时几乎不需要输入电流。但是在开关过程中需要对输入电容充放电，仍需要一定的驱动功率。开关频率越高，所需要的驱动功率越大。

（2）功率 MOSFET 的主要参数

① 漏极电压 U_{DS}

它就是 MOSFET 的额定电压，选用时必须留有较大安全余量。

② 漏极最大允许电流 I_{DM}

它就是 MOSFET 的额定电流，其大小主要受管子的温升限制。

③ 栅源电压 U_{GS}

栅极与源极之间的绝缘层很薄，承受电压很低，一般不得超过 20 V，否则绝缘层可能被击穿而损坏，使用中应加以注意。

总之，为了安全可靠，在选用 MOSFET 时，对电压、电流的额定等级都应留有较大余量。

3. 功率 MOSFET 的驱动

（1）对栅极驱动电路的要求

能向栅极提供需要的栅压，以保证可靠开通和关断 MOSFET。

减小驱动电路的输出电阻，以提高栅极充放电速度，从而提高 MOSFET 的开关速度。

主电路与控制电路需要电的隔离。

应具有较强的抗干扰能力，这是由于 MOSFET 通常工作频率高、输入电阻大、易被干扰。

理想的栅极控制电压波形如图 4-12 所示。提高正栅压上升率可缩短开通时间，但也不宜过高，以免 MOSFET 开通瞬间承受过高的电流冲击。正负栅压幅值应该小于所规定的允许值。

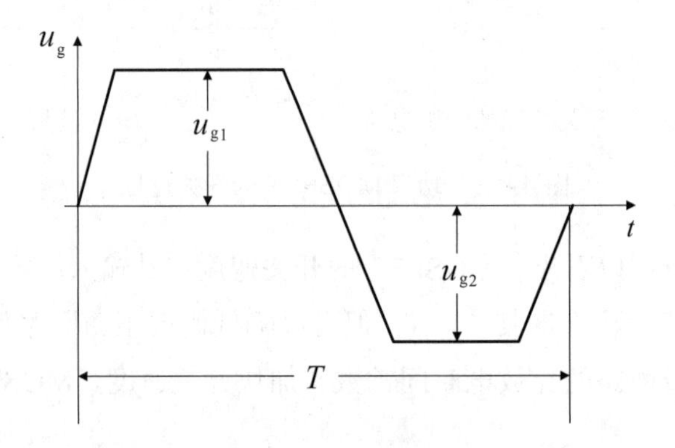

图 4-12　理想的栅极控制电压波形

（2）栅极驱动电路举例

图 4-13 是功率 MOSFET 的一种驱动电路，它由隔离电路与放大电路两部分组成。隔离电路的作用是将控制电路和功率电路隔离开来；放大电路是将控制信号进行功率放大后驱动功率 MOSFET，推挽输出级的目的是进行功率放大和降低驱动源内阻，以减小功率 MOSFET 的开关时间和降低其开关损耗。

驱动电路的工作原理如下：当无控制信号输入时（u_i = “0”），放大器 A 输出低电平，V_3 导通，输出负驱动电压，MOSFET 关断；当有控制信号输入时（u_i = “1”），放大器 A 输出高电平，V_2 导通，输出正驱动电压，MOSFET 导通。

实际应用中，功率 MOSFET 多采用集成驱动电路，如日本三菱公司专为 MOSFET 设计的专用集成驱动电路 M57918L，其输入电流幅值为 16 mA，输出最大脉冲电流为 +2 A 和 −3 A，输出驱动电压为 +15 V 和 −10 V。

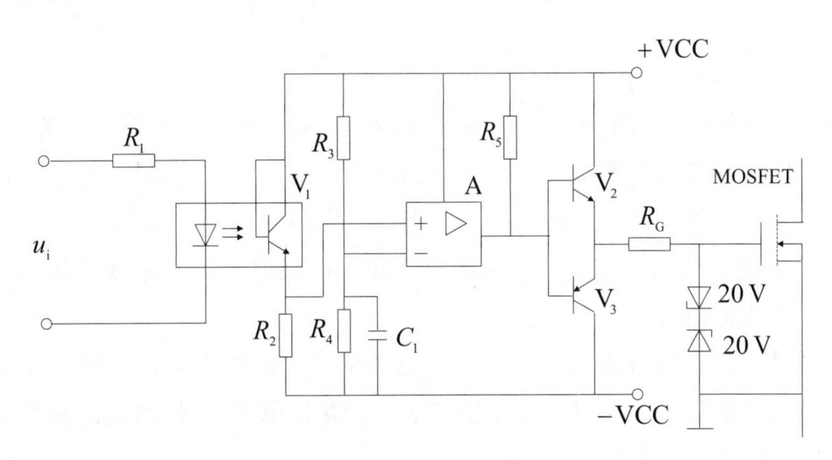

图 4–13　功率 MOSFET 的一种驱动电路

4. MOSFET 的保护电路

功率 MOSFET 的薄弱之处是栅极绝缘层易被击穿损坏。一般认为绝缘栅场效应管易受各种静电感应而击穿栅极绝缘层，实际上这种损坏的可能性还与器件的大小有关，管芯尺寸大，栅极输入电容也大，受静电电荷充电而使栅源间电压超过 ±20 V 而击穿的可能性相对小些。此外，栅极输入电容可能经受多次静电电荷充电，电荷积累使栅极电压超过 ±20 V 而击穿的可能性也是实际存在的。

为此，在使用时必须注意若干保护措施。

（1）防止静电击穿

功率 MOSFET 的最大优点是具有极高的输入阻抗，因此在静电较强的场合难于泄放电荷，容易引起静电击穿。防止静电击穿应注意以下几点：

① 在测试和接入电路之前，器件应存放在静电包装袋、导电材料或金属容器中，不能放在塑料盒或塑料袋中。取用时应拿管壳部分而不是引线部分。工作人员需通过腕带良好接地。

② 将器件接入电路时，工作台和烙铁都必须良好接地，焊接时烙铁应断电。

③ 在测试器件时，测量仪器和工作台都必须良好接地。器件的三个电极未全部接入测试仪器或电路前不要施加电压。改换测试范围时，电压和电流都必须先恢复到零。

④ 注意栅极电压不要过限。

（2）防止偶然性振荡损坏器件

功率 MOSFET 与测试仪器、接插盒等的输入电容、输入电阻匹配不当时可能出现偶然性振荡，造成器件损坏。因此在用图示仪等仪器测试时，应在器件的栅极端子处外接 10 kΩ 串联电阻，也可在栅极源极之间外接大约 0.5 μF 的电容器。

（3）防止过电压

首先是栅源间的过电压保护。如果栅源间的阻抗过高，则漏源间电压的突变会通过极间电容耦合到栅极而产生相当高的 U_{GS} 电压，这一电压会引起栅极氧化层永久性损坏，如果是正方向的 U_{GS} 瞬态电压还会导致器件的误导通。因此，要适当降低栅极驱动电压的阻抗，在栅源之间并接阻尼电阻或并接约 20 V 的稳压管。特别要防止栅极开路工作。

其次是漏源间的过电压保护。如果电路中有电感性负载，则当器件关断时，漏极电流的突变会产生比电源电压还高得多的漏极电压，导致器件的损坏。应采取稳压管箝位或 RC 抑制电路等保护措施。

（4）防止过电流

若干负载的接入或切除都可能产生很高的冲击电流，以致超过电流极限值，此时必须用控制电路使器件回路迅速断开。

（5）消除寄生晶体管和二极管的影响

由于功率 MOSFET 内部构成寄生晶体管和二极管，通常短接该寄生晶体管的基极和发射极就会造成二次击穿。另外，寄生二极管的恢复时间为 150 ns，而当耐压为 450 V 时恢复时间为 500 ～ 1000 ns。因此，在桥式开关电路中，功率 MOSFET 应外接快速恢复的并联二极管，以免发生桥臂直通短路故障。

二、DC/DC 变换电路

开关电源的核心技术就是 DC/DC 变换电路。DC/DC 变换电路就是将直流电压变换成固定的或可调的直流电压。DC/DC 变换电路广泛应用于开关电源、无轨电车、地铁列车、蓄电池供电的机车车辆的无级变速以及 20 世纪 80 年代兴起的电动汽车的调速及控制。

常见的 DC/DC 变换电路有非隔离型电路、隔离型电路和软开关电路。

（一）非隔离型电路

非隔离型电路即各种直流斩波电路，根据电路形式的不同可以分为降压型电路、升压型电路、升降压电路、库克式斩波电路和全桥式斩波电路。其中，降压式和升压式斩波电路是基本形式，升降压式和库克式是它们的组合，而全桥式则属于降压式类型。下面重点介绍斩波电路的工作原理、升压及降压斩波电路。

1. 直流斩波器的工作原理

最基本的直流斩波电路如图 4-14（a）所示，负载为纯电阻 R。当开关 S 闭合时，负载电压 $u_o = E$，并持续时间 T_{ON}；当开关 S 断开时，负载上电压 $u_o = 0$ V，并持续时间 T_{off}，则 $T = T_{on}+T_{off}$ 为斩波电路的工作周期，斩波器的输出电压波形如图 4-14（b）所示。若定义斩波器的占空比 $k = \frac{T_{on}}{T}$，则由波形图可得输出电压的平均值为

$$U_o = \frac{T_{on}}{T_{on} + T_{off}} E = \frac{T_{on}}{T} U_d = kE \tag{4-4}$$

只要调节 k，即可调节负载的平均电压。

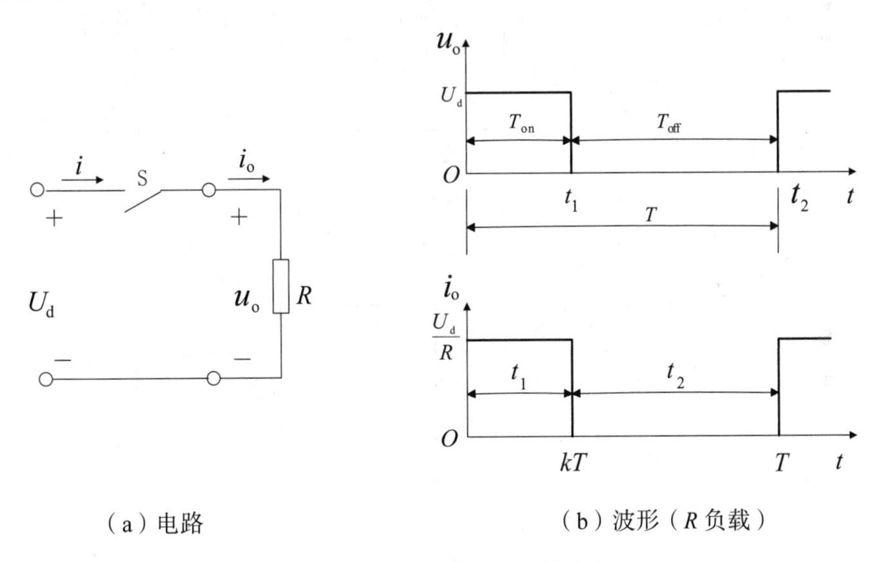

（a）电路　　　　（b）波形（R 负载）

图 4-14　基本斩波电路及其波形

2. 降压斩波电路

（1）电路的结构

降压斩波电路是一种输出电压的平均值低于输入直流电压的电路。它主要用于直流稳压电源和直流电机的调速。降压斩波电路的原理图及工作波形如图 4-15 所示。图中，U 为固定电压的直流电源，V 为晶体管开关（可以是大功率晶体管，也可以是功率场效应晶体管）。L、R 为电动机的负载，为在 V 关断时给负载中的电感电流提供通道，还设置了续流二极管 VD。

（2）电路的工作原理

$t=0$ 时刻，驱动 V 导通，电源 U 向负载供电，忽略 V 的导通压降，负载电压 $U_o=U$，负载电流按指数规律上升。

$t=t_1$ 时刻，撤去 V 的驱动使其关断，因感性负载电流不能突变，负载电流通过续流二极管 VD 续流，忽略 VD 导通压降，负载电压 $U_o=0$ V，负载电流按指数规律下降。为使负载电流连续且脉动小，一般需串联较大的电感 L，L 也称为平波电感。

$t=t_2$ 时刻，再次驱动 V 导通，重复上述工作过程。当电路进入稳定工作状态时，负载电流在一个周期内的起始值和终了值相等。

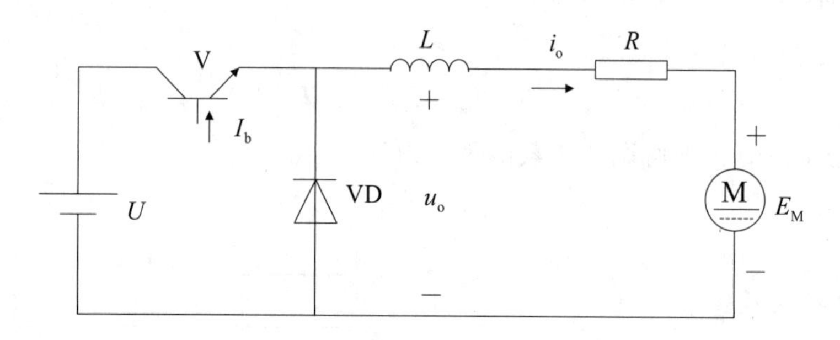

（a）电路图

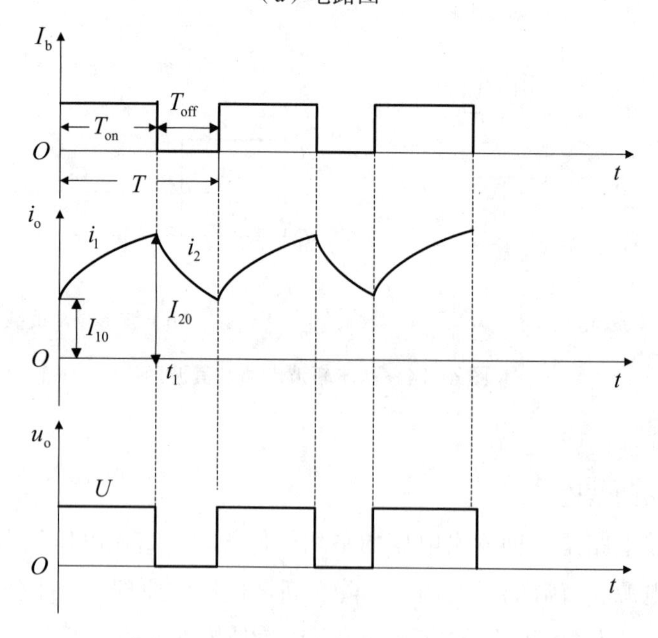

（b）电流连续时的波形

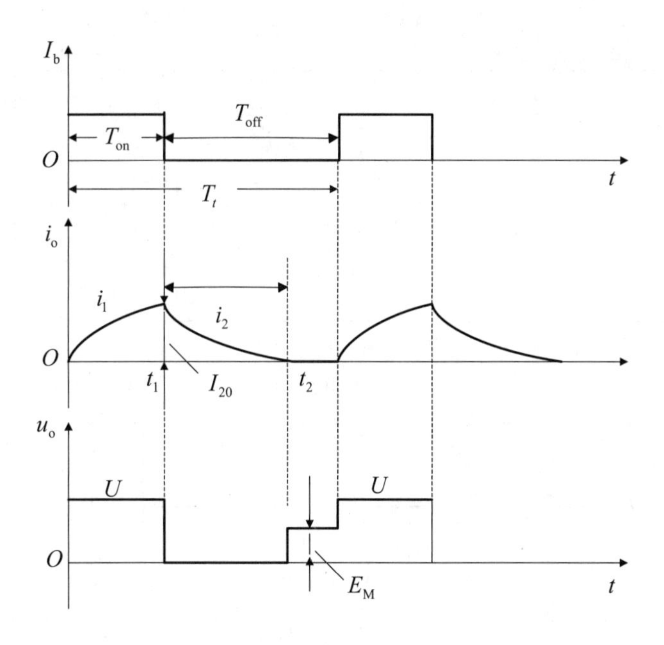

（c）电流断续时的波形

图 4–15　降压斩波电路的原理图及工作波形

由前面的分析知，这个电路的输出电压平均值为

$$U_o = \frac{T_{on}}{T_{on}+T_{off}}U = \frac{T_{on}}{T}U = kU \tag{4-5}$$

由于 $k<1$，所以 $U_o<U$，即斩波器输出电压平均值小于输入电压，故称为降压斩波电路。而负载平均电流为

$$I_o = \frac{U_o - U}{R} \tag{4-6}$$

当平波电感 L 较小时，在 V 关断后，未到 t_2 时刻，负载电流已下降到零，负载电流发生断续。负载电流断续时，其波形如图 4–15（c）所示。由图可见，负载电流断续期间，负载电压 $u_o = E_M$。因此，负载电流断续时，负载平均电压 U_o 升高，带直流电动机负载时，特性变软，这是我们所不希望的。所以，在选择平波电感 L 时，要确保电流断续点不在电动机的正常工作区域。

3. 升压斩波电路

（1）电路的结构

升压斩波电路的输出电压总是高于输入电压。升压式斩波电路与降压式斩波电路最大的不同点是斩波控制开关 V 与负载呈并联形式连接，出能电感与负载呈串联形式连接，升压斩波电路的原理图及工作波形如图 4–16 所示。

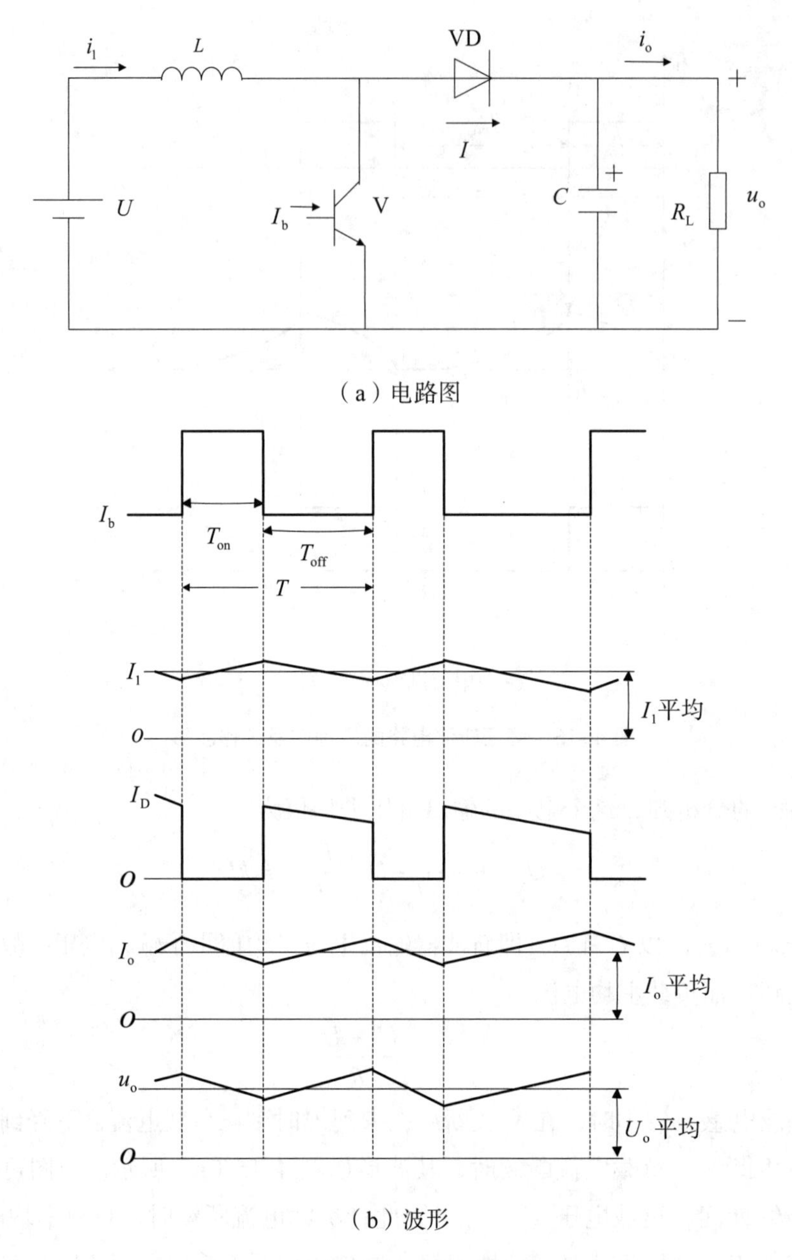

（a）电路图

（b）波形

图 4-16 升压斩波电路及其工作波形

（2）电路的工作原理

当 V 导通时（T_{on}），能量储存在 L 中。由于 VD 截止，所以 T_{on} 期间负载电流由 C 供给。在 T_{off} 期间，V 截止，储存在 L 中的能量通过 VD 传送到负载和 C，其电压的极性与 U 相同，且与 U 相串联，提供一种升压作用。

如果忽略损耗和开关器件上的电压降，则有

$$U_o=\frac{T_{on}+T_{off}}{T_{off}}U=\frac{T}{T_{off}}U=\frac{1}{1-k}U \tag{4-7}$$

上式中的 $T/T_{off}\geqslant 1$，输出电压高于电源电压，故称该电路为升压斩波电路。式中 T/T_{off} 表示升压比，调节其大小，即可改变输出电压 U_o 的大小。

4. 升降压斩波电路

（1）电路的结构

升降压斩波电路可以得到高于或低于输入电压的输出电压。电路原理图如图 4-17 所示，该电路的结构特征是储能电感与负载并联，续流二极管 VD 反向串联接在储能电感与负载之间。电路分析前可先假设电路中电感 L 很大，使电感电流 i_L 和电容电压及负载电压 u_o 基本稳定。

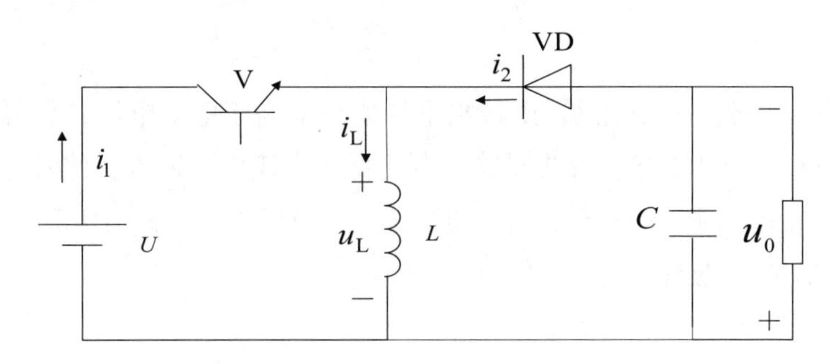

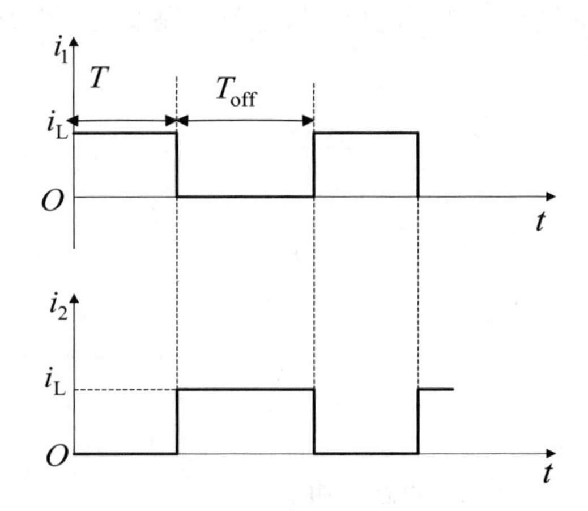

图 4-17　升降压斩波电路及其工作波形

（2）电路的工作原理

电路的基本工作原理如下：V 通时，电源 U 经 V 向 L 供电使其贮能，此时二极管 VD 反偏，流过 V 的电流为 i_1。由于 VD 反偏截止，电容 C 向负载 R 提供能量并维持输出电压基本稳定，负载 R 及电容 C 上的电压极性为上负下正，与电源极性相反。

V 断时，电感 L 极性变反，VD 正偏导通，L 中储存的能量通过 VD 向负载释放，电流为 i_2，同时电容 C 被充电储能。负载电压极性为上负下正，与电源电压极性相反，该电路也称作反极性斩波电路

稳态时，一个周期 T 内电感 L 两端电压 u_L 对时间的积分为零，即

$$\int_0^T u_L \mathrm{d}t = 0 \tag{4-8}$$

当 V 处于通态期间，$u_L = U$；而当 V 处于断态期间，$u_L = -u_o$。于是有

$$UT_{on} = U_o T_{off} \tag{4-9}$$

所以输出电压为

$$U_o = \frac{T_{on}}{T_{off}}U = \frac{T_{on}}{T - T_{on}}U = \frac{k}{1-k}U \tag{4-10}$$

上式中，若改变占空比 k，则输出电压既可能高于电源电压，也可能低于电源电压。当 $0 < k < 1/2$ 时，斩波器输出电压低于直流电源输入，此时为降压斩波器；当 $1/2 < k < 1$ 时，斩波器输出电压高于直流电源输入，此时为升压斩波器。

（二）隔离型电路

1. 正激电路

正激电路包含多种不同结构，典型的单开关正激电路及其工作波形如图 4-18 所示。

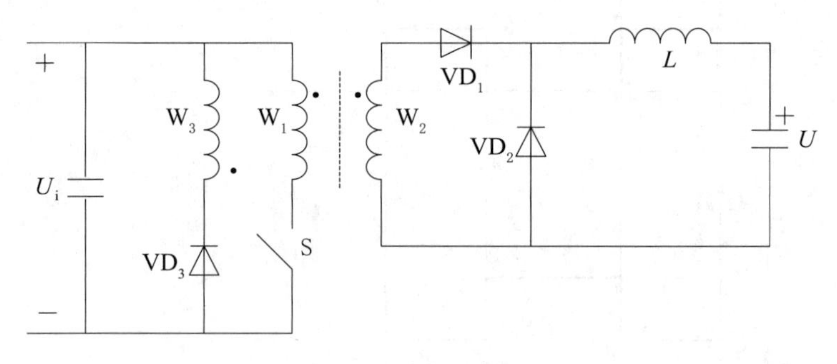

（a）电路原理图

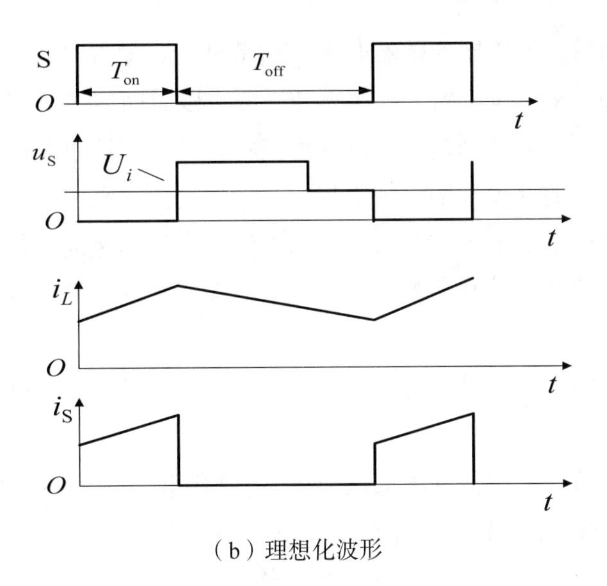

（b）理想化波形

图 4-18 正激电路原理图及理想化波形

电路的简单工作过程如下：开关 S 开通后，变压器绕组 W_1 两端的电压为上正下负，与其耦合的绕组 W_2 两端的电压也是上正下负。因此 VD_1 处于通态，VD_2 为断态，电感上的电流逐渐增长；S 关断后，电感 L 通过 VD_2 续流，VD_1 关断，L 的电流逐渐下降。S 关断后变压器的励磁电流经绕组 W_3 和 VD_3 流回电源，所以 S 关断后承受的电压为

$$u_S = \left(1 + \frac{N_1}{N_3}\right) U_i \qquad (4-11)$$

式中：N_1 为变压器绕组 W_1 的匝数；N_3 为变压器绕组 W_3 的匝数。变压器中各物理量的变化过程如图 4-19 所示。

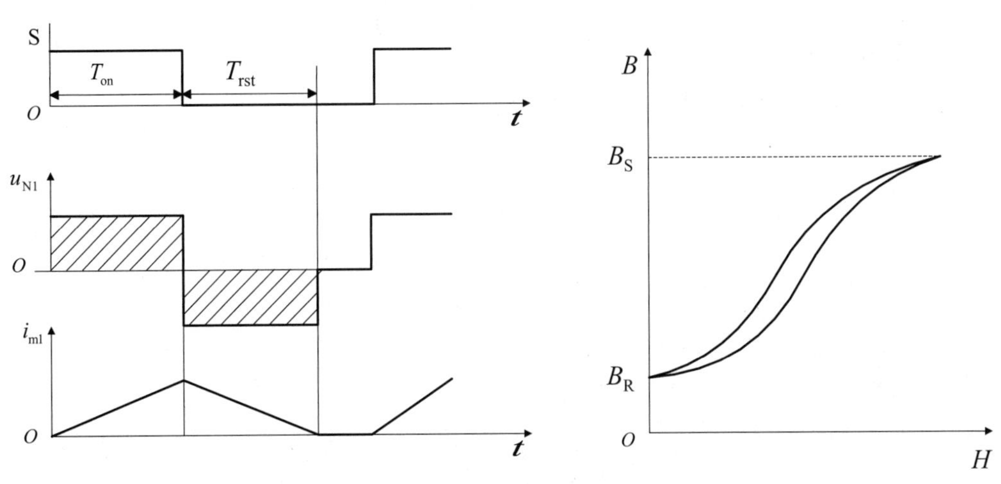

图 4-19 磁心复位过程

开关 S 开通后，变压器的励磁电流 i_m 由零开始，随着时间的增加而线性地增长，直到 S 关断。S 关断后到下一次再开通的一段时间内，必须设法使励磁电流降回零，否则下一个开关周期中，励磁电流将在本周期结束时的剩余值基础上继续增加，并在以后的开关周期中依次累积起来，变得越来越大，从而导致变压器的励磁电感饱和。励磁电感饱和后，励磁电流会更加迅速地增长，最终损坏电路中的开关器件。因此，在 S 关断后使励磁电流降回零是非常重要的，这一过程称为变压器的磁心复位。

在正激电路中，变压器的绕组 W_3 和二极管 VD_3 组成复位电路。下面简单分析其工作原理。

开关 S 关断后，变压器励磁电流通过 W_3 绕组和 VD_3 流回电源，并逐渐线性地下降为零。从 S 关断到 W_3 绕组的电流下降到零所需的时间

$$T_{fst} = \frac{N_3}{N_1} T_{on} \tag{4-12}$$

S 处于断态的时间必须大于 T_{rst}，以保证 S 下次开通前励磁电流能够降为零，使变压器磁心可靠复位。

在输出滤波电感电流连续的情况下，即 S 开通时电感 L 的电流不为零，输出电压与输入电压的比为

$$\frac{U_o}{U_i} = \frac{N_2}{N_1} \frac{T_{on}}{T} \tag{4-13}$$

如果输出电感电路电流不连续，输出电压 U_o 将高于上式的计算值，并随负载减小而升高，在负载为零的极限情况下，有

$$U_o = \frac{N_2}{N_1} U_i \tag{4-14}$$

2. 反激电路

反激电路及其工作波形如图 4-20 所示。

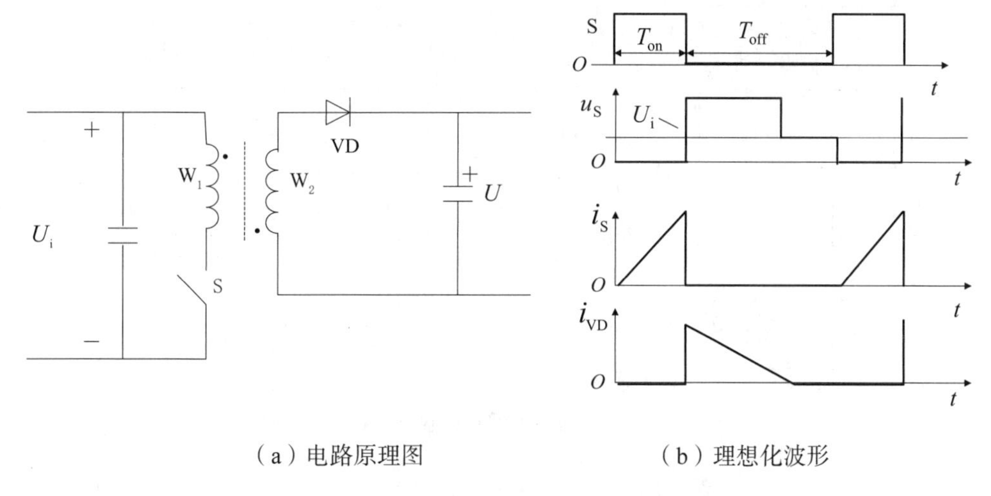

（a）电路原理图　　　　（b）理想化波形

图 4-20　反激电路原理图及理想化工作波形

同正激电路不同，反激电路中的变压器起着储能元件的作用，可以看作是一对相互耦合的电感。

S 开通后，VD 处于断态，绕组 W_1 的电流线性增长，电感储能增加；S 关断后，绕组 W_1 的电流被切断，变压器中的磁场能量通过绕组 W_2 和 VD 向输出端释放。S 关断后承受的电压为

$$u_S = \left(U_i + \frac{N_1}{N_2}\right)U_o \tag{4-15}$$

反激电路可以工作在电流断续和电流连续两种模式：

（1）如果当 S 开通时，绕组 W_2 中的电流尚未下降到零，则称电路工作于电流连续模式。

（2）如果 S 开通前，绕组 W_2 中的电流已经下降到零，则称电路工作于电流断续模式。

当工作于电流连续模式时，

$$\frac{U_o}{U_i} = \frac{N_2}{N_1}\frac{T_{on}}{T_{off}} \tag{4-16}$$

当电路工作在断续模式时，输出电压高于上式的计算值，并随负载减小而升高，在负载电流为零的极限情况下，其将接近无限大，这将损坏电路中的器件，因此反激电路不应工作于负载开路状态。

3. 半桥电路

半桥电路的原理及工作波形如图 4-21 所示。

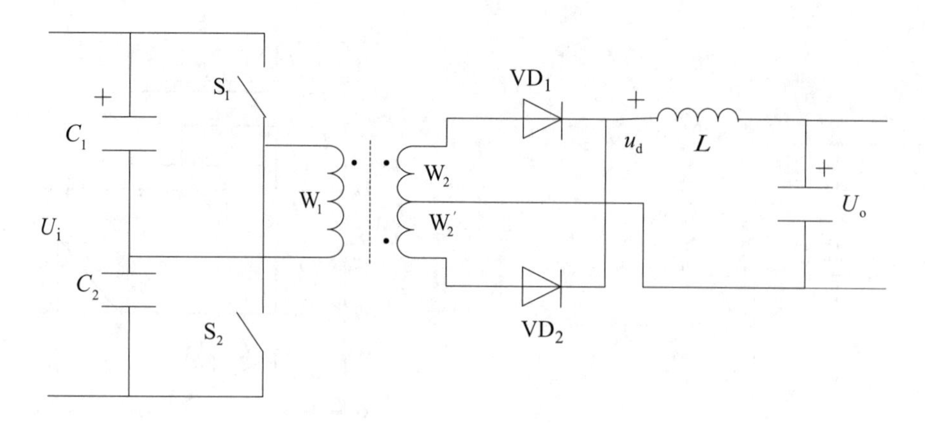

（a）电路原理图

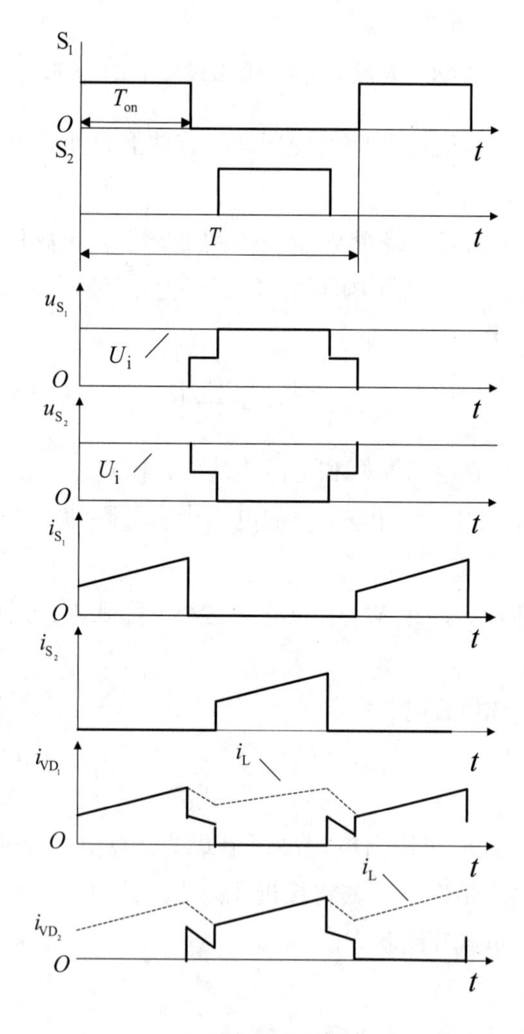

（b）理想化波形

图 4-21　半桥电路原理图及理想化工作波形

在半桥电路中，变压器一次绕组两端分别连接在电容 C_1、C_2 的中点和开关 S_1、S_2 的中点。电容 C_1、C_2 的中点电压为 $U_i/2$。S_1 与 S_2 交替导通，使变压器一次侧形成幅值为 $U_i/2$ 的交流电压。改变开关的占空比，就可改变二次整流电压 U_d 的平均值，也就改变了输出电压 U_o。

S_1 导通时，二极管 VD_1 处于通态，S_2 导通时，二极管 VD_2 处于通态，当两个开关都关断时，变压器绕组 W_1 中的电流为零，根据变压器的磁动势平衡方程，绕组 W_2 和 W_3 中的电流大小相等、方向相反，所以 VD_1 和 VD_2 都处于通态，各分担一半的电流。S_1 或 S_2 导通时电感上的电流逐渐上升，两个开关都关断时，电感上的电流逐渐下降。S_1 和 S_2 断态时承受的峰值电压均为 U_i。

由于电容的隔直作用，半桥电路对由于两个开关导通时间不对称而造成的变压器一次电压的直流分量有自动平衡作用，因此不容易发生变压器的偏磁和直流磁饱和。

为了避免上下两开关在换流的过程中发生短暂的同时导通现象而造成短路损坏开关器件，每个开关各自的占空比不能超过 50%，并应留有裕量。

当滤波电感 L 的电流连续时，有

$$\frac{U_o}{U_i}=\frac{N_2}{N_1}\frac{T_{on}}{T} \tag{4-17}$$

如果输出电感电流不连续，输出电压 U_o 将高于式中的计算值，并随负载减小而升高，在负载电流为零的极限情况下，有

$$U_o=\frac{N_2}{N_1}\frac{U_i}{2} \tag{4-18}$$

4. 全桥电路

全桥电路的原理图和工作波形如图 4-22 所示。

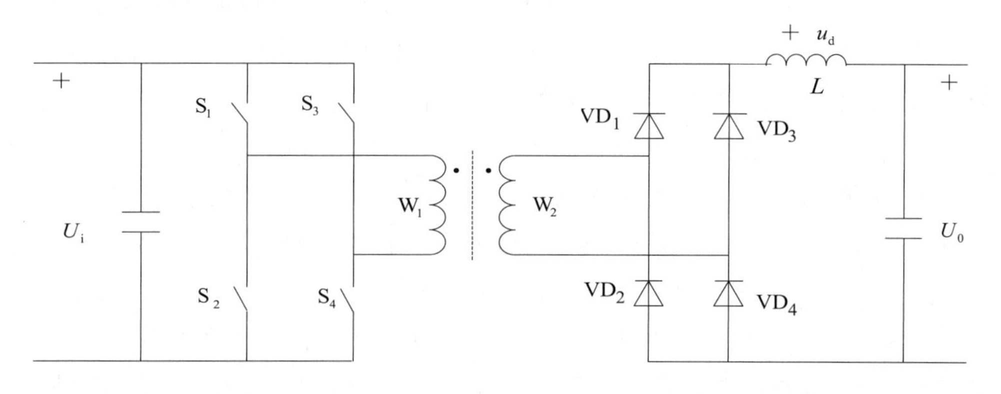

（a）电路原理图

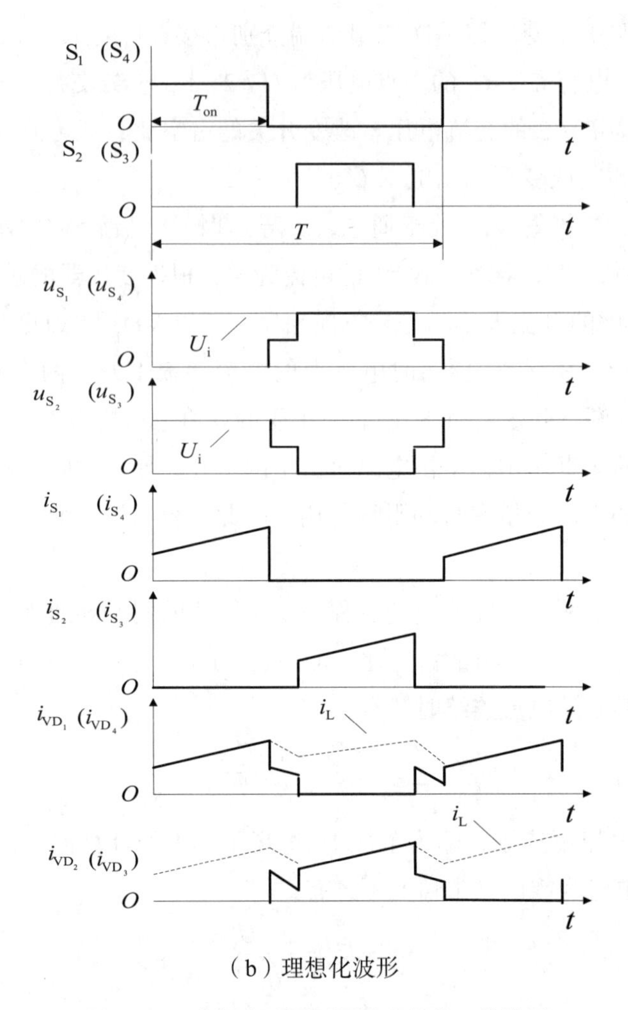

（b）理想化波形

图 4-22　全桥电路原理图及理想化工作波形

全桥电路中互为对角的两个开关同时导通，而同一侧半桥上下两开关交替导通，将直流电压成幅值为 U_i 的交流电压，加在变压器一次侧。改变开关的占空比，就可以改变 U_d 的平均值，也就改变了输出电压 U_o。

当 S_1 与 S_4 开通后，二极管 VD_1 和 VD_4 处于通态，电感 L 的电流逐渐上升；S_2 与 S_3 开通后，二极管 VD_2 和 VD_3 处于通态，电感 L 的电流也上升。当 4 个开关都关断时，4 个二极管都处于通态，各分担一半的电感电流，电感 L 的电流逐渐下降。S_1 和 S_4 断态时承受的峰值电压均为 U_i。

若 S_1、S_4 与 S_2、S_3 的导通时间不对称，则交流电压 u_T 中将含有直流分量，会在变压器一次电流中产生很大的直流分量，并可能造成磁路饱和，因此全桥电路应注意避免电压直流分量的产生，也可以在一次回路电路中串联一个电容，以阻断直流电流。

为了避免同一侧半桥中上下两开关在换流的过程中发生短暂的同时导通现象而损坏开关，每个开关各自的占空比不能超过 50%，并应留有裕量。

当滤波电感 L 的电流连续时，有

$$\frac{U_o}{U_i}=\frac{N_2}{N_1}\frac{2T_{on}}{T} \tag{4-19}$$

如果输出电感电流不连续，输出电压 U_o 将高于式中的计算值，并随负载减小而升高，在负载电流为零的极限情况下，

$$U_o=\frac{N_2}{N_1}U_i \tag{4-20}$$

5. 推挽电路

推挽电路的原理及工作波形如图 4-23 所示。

推挽电路中两个开关 S_1 和 S_2 交替导通，在绕组 W_1 和 W_2 两端分别形成相位相反的交流电压。S_1 导通时，二极管 VD_1 处于通态，S_2 导通时，二极管 VD_2 处于通态，当两个开关都关断时，VD_1 和 VD_2 都处于通态，各分担一半的电流。S_1 或 S_2 导通时电感 L 的电流逐渐上升，两个开关都关断时，电感 L 的电流逐渐下降。S_1 和 S_2 断态时承受的峰值电压均为 2 倍 U_i。

如果 S_1 和 S_2 同时导通，就相当于变压器一次绕组短路，因此应避免两个开关同时导通，每个开关各自的占空比不能超过 50%，还要留有死区。

当滤波电感 L 的电流连续时，有

$$\frac{U_o}{U_i}=\frac{N_2}{N_1}\frac{2T_{on}}{T} \tag{4-21}$$

如果输出电感电流不连续，输出电压 U_o 将高于式中的计算值，并随负载减小而升高，在负载电流为零的极限情况下，有

$$U_o=\frac{N_2}{N_1}U_i \tag{4-22}$$

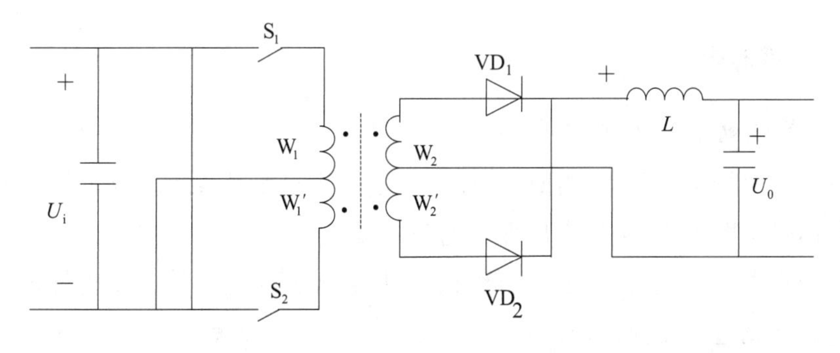

（a）电路原理图

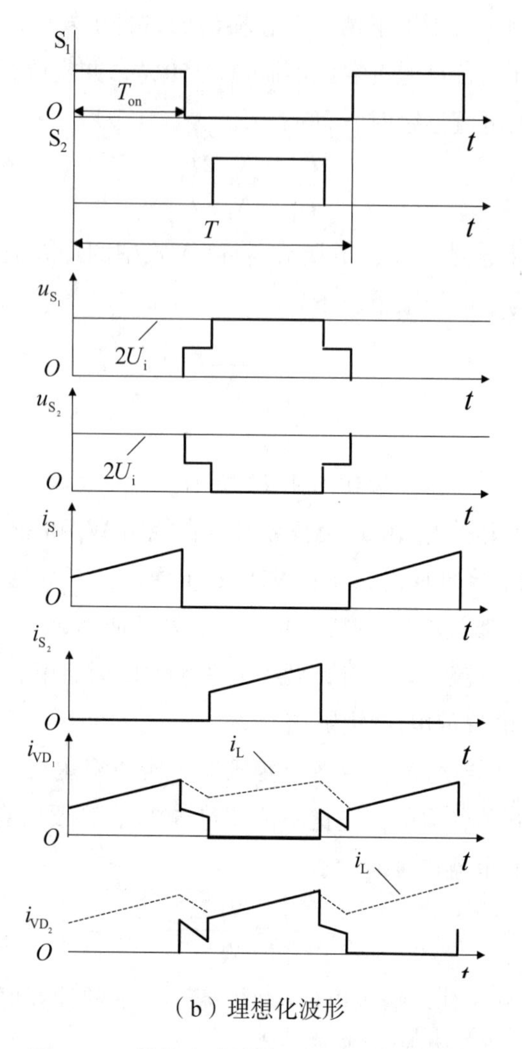

（b）理想化波形

图 4-23　推挽电路原理图及理想化工作波形

三、其他电路

（一）过电压保护电路

过电压保护是一种对输出端子间过大电压进行负载保护的功能。一般方式是采用稳压管，图 4-24 是过电压保护电路的典型实例。

当输出电压超过设定的最大值时，稳压管击穿导通，使晶闸管导通，电源停止工作，起到过电压保护作用。

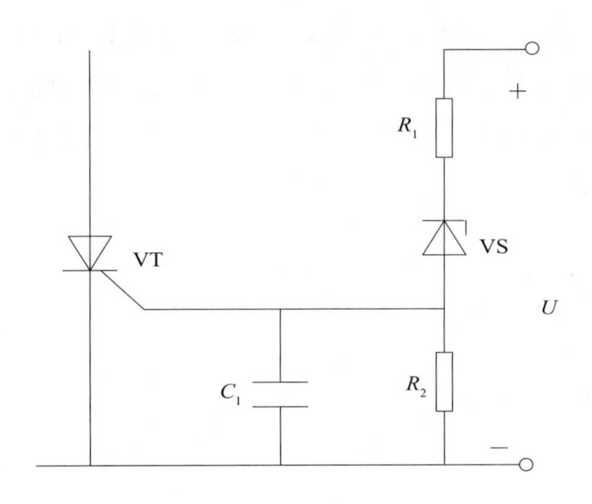

图 4-24　过电压保护电路

（二）过电流保护电路

过电流保护是一种电源负载保护功能，以避免发生包括输出端子上的短路在内的过负载输出电流对电源和负载的损坏。图 4-25 是典型的过电流保护电路。电路中，电阻 R_1 和 R_2 对 U 进行分压，电阻 R_2 上分得的电压$U_{R_2}=\dfrac{R_2}{R_1+R_2}U$，负载电流 I_o 在检测电阻 R_D 上的电压值为 R_DI_o，电压U_{R_D}和U_{R_2}进行比较，如果 $U_{R_D}>U_{R_2}$，A 输出控制信号，这个控制信号使脉宽变窄，输出电压下降，从而使输出电流减小。

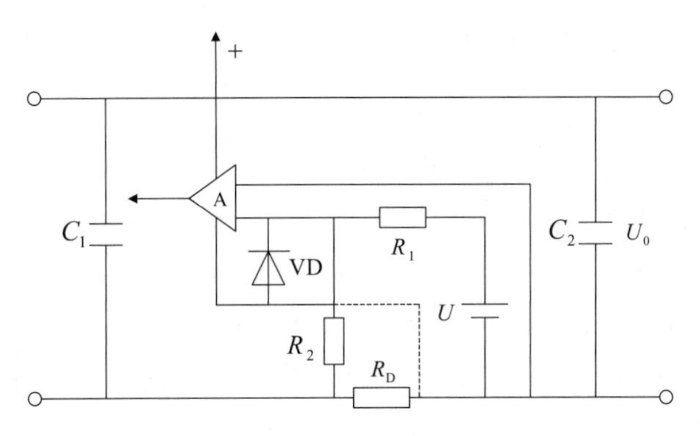

图 4-25　过电流保护电路

（三）软启动电路

开关电源的输入电路一般采用整流和电容滤波电路。输入电源未接通时，滤波电容器上的初始电压为零。在输入电源接通的瞬间，滤波电容器快速充电，产生一个较大的冲击电流。在大功率开关电源中，输入滤波电容器的容量很大，冲击电流可达 100 A 以上，如此大的冲击电流会造成电网电闸的跳闸或者击穿整流二极管。为避免这种情况，应在开关电源的输入电路中增加软启动电路，防止冲击电流的产生，保证电源正常地进入工作状态。

【扩展内容】

开关电源典型故障现象及检修方法如下。

一、通电后无任何反应

（一）故障现象

PC 机系统通电后，主机指示灯不亮，显示器屏幕无光栅，整个系统无任何反应。

（二）检修方法

通电后无任何反应，是 PC 机主机电源最常见的故障，应该先采用直观法察看电源盒有无烧坏元器件，接着采用万用表电阻挡检测法逐个单元地进行静态电阻检测，看有无明显短路。若无明显元件烧坏，也没有明显过电流，则可通电采用动态电压对电源中各关键点的电压进行检修。

二、一通电就熔断交流熔丝管

（一）故障现象

接通电源开关后，电源盒内发出“叭”的一声，交流熔丝管随即熔断。

（二）检修方法

一通电就熔断交流熔丝管，说明电源盒内有严重过电流元件，除短路之外，故障部位一般在高频开关变压器一次绕组之前，通常有以下三种情况。

1. 输入桥式整流二极管中的某个二极管被击穿

由于 PC 机电源的高压滤波电容一般都是 220 μF 左右的大容量电解电容，瞬间工作充电电流达 20 A 以上，所以瞬间大容量的浪涌电流将会造成桥堆中某个质量较差的整流管过电流工作，尽管有限流电阻限流，但也会发生一些整流管被击穿的现象，造成烧毁熔丝。

2. 高压滤波电解电容 C_5、C_6 被击穿，甚至发生爆裂现象

由于大容量的电解电容工作电压一般均接近 200 V，而实际工作电压均已接近额定值，因此当输入电压产生波动时，或某些电解电容质量较差时，就极容易

发生电容被击穿现象。更换电容最好选择耐压高些的，如 300 μF / 450 V 的电解电容。

3. 开关管 V_1、V_2 损坏

由于高压整流后的输出电压一般达 300 V 左右，逆变功率开关管的负载又是感性负载，漏感所形成的电压尖峰将有可能使功率开关管的 V_{CEO} 的值接近于 600 V，而 V_1、V_2 的 2SC3039 所标 V_{CEO} 只有 400 V 左右，因此当输入电压偏高时，某些质量较差的开关管将会发生 E—C 之间击穿现象，从而烧毁熔丝。在选择逆变功率开关管时，对单管自激式电路中的 V_1，要求 V_{CEO} 必须大于 800 V，最好 1000 V 以上，而且截止频率越高越好。另外，需要注意的是，由于某些开关功率管是与激励推挽管直接耦合的，故往往是变压器一次侧电路中的大、小晶体管同时击穿。因此，在检修这种电源时应将前级的激励管一同进行检测。

三、熔丝管完好，但各路直流电压均为零

（一）故障现象

故障现象接通电源开关后，主机不启动，用万用表测 ±5 V、±12 V 均没有输出。

（二）检修方法

主机电源直流输出的四组电压为 +5 V、−5 V、+12 V、−12 V，其中 +5 V 电源输出功率最大（满载时达 20 A），故障率最高，一旦 +5 V 电路有故障时，整个电源电路往往自动保护，其他几路也无输出，因此 +5 V 形成及输出电路应重点检查。

当电源在有负载情况下测量不出各输出端的直流电压时即认为电源无输出。这时应先打开电源检查熔丝，如果熔丝完好，应检查电源中是否有开路、短路现象，以及过电压、过电流保护电路是否发生误动作等。这类故障常见的有以下三种情况：

1. 限流电阻 R_1、R_2 开路

开关电源采用电容输入式滤波电路，当接通交流电压时，会有较大的合闸浪涌电源（电容充电电流），而且由于输出保持能力等的需要，输入滤波电容也较大，因而合闸浪涌电流比一般稳压电源要高得多，电流的持续时间也长。这样大的浪涌电流不仅会使限流电阻或输入熔丝熔断，还会因为虚焊或焊点不饱满、有空隙而引起长时间的放电电流，导致焊点脱落，使电源无法输出，一般扼流圈引脚因清漆不净，常会发生该类故障，这种故障重焊即可。

2. +12 V 整流半桥块击穿

+12 V 整流二极管采用快速恢复二极管 FRD，而 +5 V 整流二极管采用肖特基二极管 SBD。由于 FRD 的正向压降要比 SBD 来得大，当输出电流增大时，正向压降引起的功耗也大，所以 +12 V 整流二极管的故障率较高，选择整流二极管时，应尽可能选用正向压降低的整流器件。

3. 晶闸管坏。在检查中发现开关振荡电路丝毫没有振荡现象。从电路上分析，能够影响振荡电路的只有 +5 V 和 +12 V，它是通过发光二极管来控制振荡电路的，如果发光二极管不工作，那么光耦合器将处于截止，开关晶体管因无触发信号始终处于截止状态，影响发光二极管不能工作的最常见元件就是晶闸管 VSl 损坏。

四、启动电源时发出“滴嗒”声

（一）故障现象

开启主机电源开关后，主机不启动，电源盒内发出“滴嗒”的怪声响。

（二）检修方法

这种故障一般是输入的电压过高或某处的短路造成的大电流使 +5 V 处输出电压过高，这样引起过电压保护动作，晶闸管也随之截止，短路消失，使电源重新启动供电。如此周而复始地循环，将会使电源发生“滴嗒滴嗒”的开关声，此时应关闭电源进行仔细检查，找出短路故障处，从而修复整个电源。

另有一种原因是控制集成电路的定时元件发生了变化或内部不良。用示波器测量集成控制器 TL494 输出的⑧脚和⑩脚，其工作频率只有 8 kHz 左右，而正常工作时近 20 kHz 左右。经检查发现定时元件电容器的容量变大，导致集成控制器定时振荡频率变低，使电源产生重复性“滴嗒”声，整个电源不能正常工作，只要更换定时电容后恢复正常。

五、某一路无直流输出

（一）故障现象

开机后，主机不启动，用万用表检测 ±5 V、±12 V，其中一路无输出。

（二）检修方法

在主机电源中，±5 V 和 ±12 V 四组直流电源若有一路或一路以上因故障无电压输出时，整个电源将因缺相而进入保护状态。这时，可用万用表测量各输出端，开启电源，观察在启动瞬间哪一路电源无输出，则故障就出在这一路电压形成或输出电路上。

六、电源负载能力差

（一）故障现象

主机电源仅向主机板和软驱供电显示正常，但当电源增接上硬盘或扩满内存时，屏幕变白或根本不工作。

（二）检修方法

在不配硬盘或未扩满内存等轻负载情况下能工作，说明主机电源无本质性故障，主要是工作点未选择好。当振荡放大环节中增益偏低，检测放大电路处于非线性工作状态时，均会产生此故障。解决此故障的办法可适当调换振荡电路中的各晶体管，使其增益提高，或调整各放大晶体管的工作特点，使它们都工作于线性区，从而提高电源的负载能力。

在极端情况下，即使不接硬盘，电源也不能正常地工作。这类故障常见的有以下三种情况。

1. 电源开机正常，工作一段时间后电源保护

这种现象大都发生在 +5 V 输出端有晶闸管 VS 做过电压保护的电路。其中原因是晶闸管或稳压二极管漏电太大，工作一段时间后，晶闸管或稳压管发热。需要更换晶闸管或二极管。

2. 带负载后各挡电压稍下降，开关变压器发出轻微的“吱吱”声

这种现象大都是滤波电容器（300 μF / 200 V）坏了一个。原因是漏电流大，导致了这种现象的发生。更换滤波器电容时应注意两只电容容量和耐压值必须一致。

3. 电源开机正常，当主机读软盘后电源保护

这种现象大都是 +12 V 整流二极管 FRD 性能变劣，调换同样型号的二极管即可恢复正常。

七、直流电压偏离正常值

（一）故障现象

开机后，四组电压均有输出，或高、或低的偏离 ±5 V、±12 V 很多。

（二）检修方法

直流输出电压偏离正常值，一般可通过调节检测电路中的基准电压调节电位器，将 +5 V 等各挡电压调至标准值。如果调节失灵或调不到标准值，则是检测晶体管 VT_4 和基准电压可调稳压管 IC_2 损坏，换上相同或适当的器件，一般均能正常工作。

如果只有一挡电压偏高太大，而其他各挡电压均正常，则是该挡电压的集成稳压器或整流二极管损坏。检查方法是用电压表接表 -5 V 或 -12 V 的输出端进行监测。开启电源时，哪路输出电压无反应，则哪路集成稳压器可能损坏，若集成稳压器是好的，则整流二极管损坏的可能性最大，其原因是输出负载可能太重，另外负载电流也较大，故在 PC 机电源电路中 +5 V 挡采用带肖特基特性的高频整流二极管 SBD，其余各挡也采用快恢复特性的高频整流二极管 FRD。更换时要尽可能找到相关类型的整流二极管，以免再次损坏。

八、直流输出不稳定

（一）故障现象

刚开机时，整个系统工作正常，但工作一段时间后，输出电压下降，甚至无输出，或时好时坏。

（二）检修方法

主机电源四组输出均时好时坏，这一般是电源电路中元器件虚焊、接插件接触不良或大功率元件热稳定性差、电容漏电等原因造成的。

九、风扇转动异常

（一）故障现象

风扇不转动，或虽能旋转，但发出尖叫声。

（二）检修方法

PC 机主机电源风扇的连接及供电有两种情况：一种是直接使用市电供电交流电风扇；另一种是接在 12 V 直流输出端直流风扇。如果发现电源输入输出一切正常，而风扇不转，就要立即停机检查。这类故障大都由风扇电动机线圈烧断而引起的，这时必须更换新的风扇。如果发出响声，其原因之一是由于机器长期运转或传输过程中的激烈振动而引起风扇的四只固定螺钉松动。这时只要紧固其螺钉就行。如果是由于风扇内部灰尘太多或含油轴承缺油而引起的，只要清理或经常用高级润滑油补充，故障就可排除。

【思考题与习题】

4-1 在 DC/DC 变换电路中所使用的元器件有哪几种？有何特殊要求？

4-2 什么是 GTR 的二次击穿？有什么后果？

4-3 可能导致 GTR 二次击穿的因素有哪些？可采取什么措施加以防范？

4-4 说明 MOSFET 的开通和关断原理及其优缺点。

4-5 使用电力场效应晶体管时要注意哪些保护措施？

4-6 试述直流斩波电路的主要应用领域。

4-7 简述图 4-15（a）所示的降压斩波电路的工作原理。

4-8 图 4-15（a）所示的斩波电路中，$U=220$ V，$R=10$ Ω，L、C 足够大，当要求 $U_0=400$ V 时，求占空比 k 的值。

4-9 简述图 4-16（a）所示升压斩波电路的基本工作原理。

4-10 在图 4-16（a）所示升压斩波电路中，已知 $U=50$ V，$R=20$ Ω，L、C 足够大，采用脉宽控制方式，当 $T=40$ μs，$T_{on}=25$ μs 时，计算输出电压平均值 U_o 和输出电流平均值 I_o。

4-11 试分析正激电路和反激电路中的开关和整流二极管在工作时承受的最大电压、最大电流和平均电流。

4-12 试分析全桥、半桥和推挽电路中的开关和整流二极管在工作时承受的最大电压、最大电流和平均电流。

4-13 试比较几种隔离型 DC/DC 电路的优缺点。

4-14 什么是硬开关？什么是软开关？二者的主要差别是什么？

课题二 IGBT

一、简介

绝缘栅双极型晶体管（Insulated Gate Bipolar Transistor，IGBT），是由双极型三极管（BJT）和绝缘栅型场效应管（MOS）组成的复合全控型电压驱动式功率半导体器件，兼有 MOSFET 的高输入阻抗和 GTR 的低导通压降两方面的优点。GTR 饱和压降低，载流密度大，但驱动电流较大；MOSFET 驱动功率很小，开关速度快，但导通压降大，载流密度小。IGBT 综合了以上两种器件的优点，驱动功率小而饱和压降低，非常适合应用于直流电压为 600 V 及以上的变流系统如交流电机、变频器、开关电源、照明电路、牵引传动等领域。

IGBT 模块是由 IGBT 与续流二极管（FWD）芯片通过特定的电路桥接封装而成的模块化半导体产品，封装后的 IGBT 模块直接应用于变频器、UPS 不间断电源等设备上。

IGBT 模块具有节能、安装维修方便、散热稳定等特点，当前市场上销售的多为此类模块化产品，一般所说的 IGBT 也指 IGBT 模块。随着节能环保等理念的推进，此类产品在市场上将越来越多见。

IGBT 是能源变换与传输的核心器件，俗称电力电子装置的“CPU”，作为国家战略性新兴产业，在轨道交通、智能电网、航空航天、电动汽车与新能源装备等领域应用极广。

二、工作原理及特性

（一）IGBT 的结构

IGBT 是在 N 沟道 MOSFET 的基础上进一步发展而来的，从内部结构上来看，IGBT 可以看作垂直结构的 MOSFET，电子依次通过 N^+ 有源区、P 基区、N^- 漂移区、N^+ 缓冲区，最后流入作为衬底的 P^+ 注入区，IGBT 结构上的特点是在 N 沟道 MOSFET 的漏极 N^+ 上多加了一个重掺杂的 P^+ 区，形成一个新的 PN 结，并以此作为 IGBT 的集电极，门极和发射极仍然选用 MOSFET 的栅极和源极。图 4-26（a）和图 4-26（b）分别表示功率 MOSFET 和 IGBT 的结构。

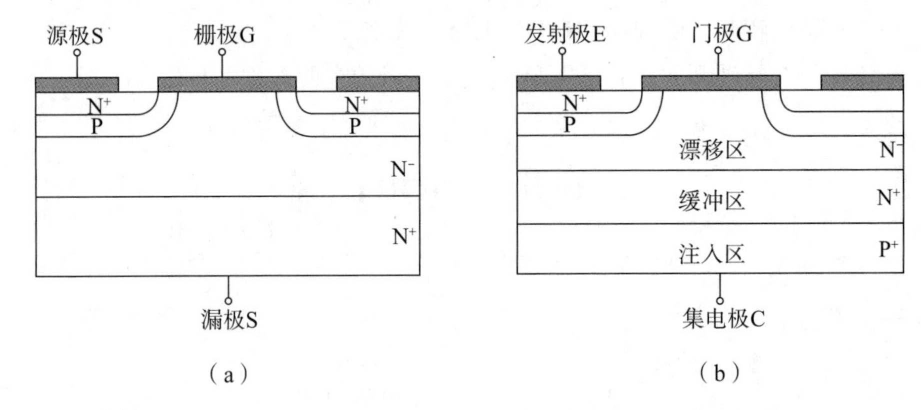

图 4-26 N 沟道 MOSFET 与 IGBT 结构对比

（二）IGBT 工作原理

由 IGBT 的结构示意图可以看到，IGBT 的本质就是一个利用功率 MOSFET 来控制驱动的 PNP 晶体管。

由 MOSFET 工作原理可知，当给 IGBT 门极施加正向电压 V_{GE} 时，如果 V_{GE} 大于 $V_{GE(th)}$，MOSFET 开始导通，在栅氧化层（SiO_2）下 P 区会感应出电子形成反型层，门极下的 P 区会在电场的作用下形成反型导电通道，电子由导电通道从 P 区流向 N^- 漂移区。此时靠近集电极的 PN 结正偏，大量 P^+ 区的空穴会通过 N^+ 区流向 N^- 区，增加了 N^- 区的载流子浓度，此时为了保证电中性，N^- 区会加速吸引 N^+ 区的少子与空穴复合，载流能力大大增强，电导率明显提高，形成一种电导调制效应，使 IGBT 的饱和导通压降降低，减少了 IGBT 在运行时芯片上产生的损耗。

当门极电压开始减小到 $V_{GE(th)}$ 之下或者变为反向时，IGBT 进入关断状态，我们一般将这个过程分为两个阶段。第一阶段是由于门极电压低于阈值，IGBT 门极下的 P 区导电通道迅速关闭，转移电流下降，这一阶段其实就是 MOSFET 的关断过程。第二阶段主要是由于导电通道关闭，门栅氧化层下的电子反型层消失，N^- 区无法接受到来自 N^+ 区的电子，但是此时由于 N^- 区存在大量空穴，浓度过高的载流子会流向 P 区；N^+ 区的多数载流子电子会流向 P^+ 区，随着载流子浓度降低，载流子移动逐渐减缓，剩下的载流子只能依靠电子与空穴缓慢地结合来移除，此时为拖尾电流阶段，这一阶段持续时间较长且电流下降缓慢，当拖尾电流最终为零时，IGBT 彻底关闭。在 IGBT 关断过程中，栅氧化层下的 PN 结会产生正向阻断压降，在工业生产中，为了使正向阻断压降高一点，一般会将 N^- 区设计得更宽一些，而且掺杂浓度也相应较低。

（三）IGBT 的工作特性

1. 静态特性

IGBT 是由功率 MOSFET 与双极性晶体管 BJT 组成，其静态特性就是忽略电容影响的等效电路，如图 4-27 所示。IGBT 的静态特性根据集电极电流 I_C 与集电极 - 发射极电压 V_{CE} 和门极—发射极电压 V_{GE} 的关系分为输出特性和转移特性。

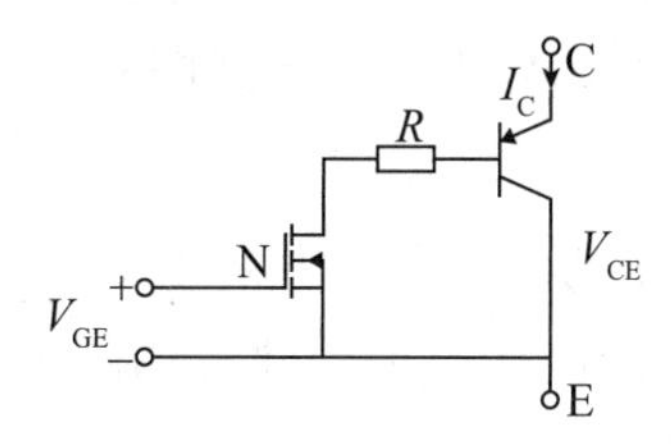

图 4-27　IGBT 静态等效电路

IGBT 输出特性指的是在一定的门极—发射极电压 V_{GE} 的作用下，集电极电流 I_C 与集电极—发射极电压 V_{CE} 的关系，输出特性曲线如图 4-28 所示。

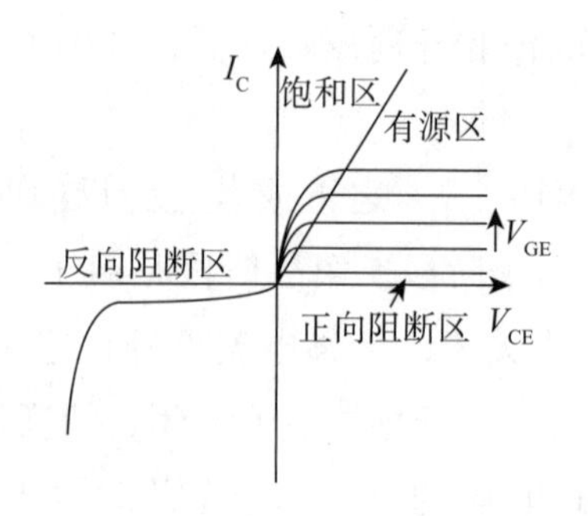

图 4–28　IGBT 的输出特性

IGBT 的输出特性可以划分为三个部分：饱和区、有源区、阻断区。

（1）阻断区（$V_{GE} < V_{GE(th)}$）

门极电压没有达到功率 MOSFET 的开启电压，处于关断状态，IGBT 集电极与发射极之间仅存在可以忽略不计的漏电流 I_{CES}，处于正向阻断区。若 V_{GE} 小于零，则处于反向阻断区。需要注意的是，反向电压不能过大，否则会反向击穿 IGBT。

（2）有源区（$V_{GE} > V_{GE(th)}$，$V_{CE} > V_{GE} - V_{GE(th)}$）

IGBT 处于有源区时，功率 MOSFET 中有漏电流流过，但其受门极 – 发射极 V_{GE} 电压控制，集电极电流 I_C 的变化与门极 – 发射极 V_{GE} 成正比例关系。

（3）饱和区（$V_{GE} \leqslant V_{GE(th)}$，$V_{CE} \leqslant V_{CE} - V_{GE(th)}$）

IGBT 正常工作时处于饱和区，此时功率 MOSFET 已经完全打开，V_{CE} 低于 GTR 的导通电压，集电极电流 I_C 的变化受到门极 – 发射极电压 V_{GE} 和集电极 – 发射极电压 V_{CE} 影响。

IGBT 的转移特性指的是当集电极 – 发射极电压 V_{CE} 一定时，集电极电流 I_C 与门极—发射极 V_{GE} 二者之间的伏安关系曲线如图 4–29 所示。一般情况下，门极—发射极 V_{GE} 电压低于导通阈值时，集电极电流 I_C 为零；随着 V_{GE} 的增大，I_C 也逐渐增大，并在一定区间内呈线性关系。其中曲线的斜率称为跨导 g_s，计算公式为：

$$g_s = \frac{\Delta I_C}{\Delta V_{GE}} \tag{4-23}$$

式中：ΔI_C 和 ΔV_{GE} 分别为集电极电流变化量和门极 – 发射极电压变化量。

通过对 IGBT 静态特性的研究，作为一种压控型器件，门极—发射极电压 V_{GE} 控制着 IGBT 的开通与关断。当给门极与发射极之间加正向电压且大于导通阈值电压时，MOSFET 才会导通，为 PNP 晶体管提供控制电流，从而使 IGBT 导通。IGBT 的关断可以看作是开通的反过程，需要给门极与发射极之间加反向电压，使 MOSFET 关断，进而使 IGBT 关断。V_{GE} 在一定范围内增大有利于集电极电流流通，使 IGBT 载流能力得到更好的利用。

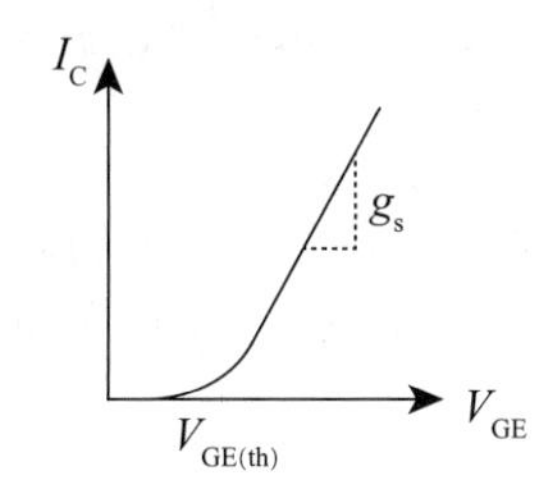

图 4-29　IGBT 的转移特性

2. 动态特性

IGBT 的动态特性包括 IGBT 开通和关断两个过程，采用 BUCK 变换电路可以表示其感性负载下开关等效电路，如下图 4-30 所示。

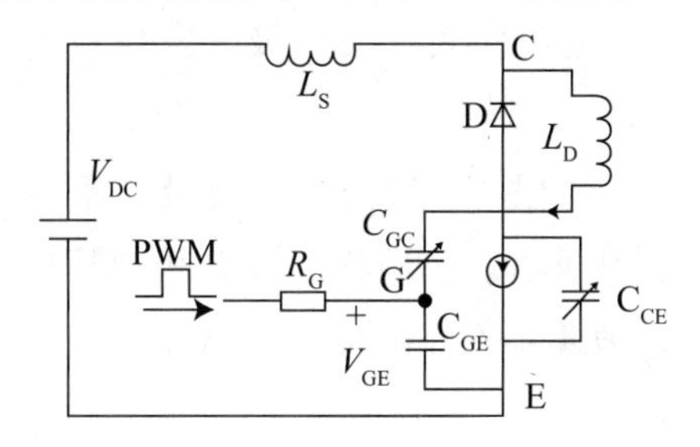

图 4-30　感性负载下 IGBT 开关等效电路

（1）开通过程分析

开通过程指的是 IGBT 在门极－发射极电压 V_{GE} 电压大于开通阈值电压 $V_{GE(th)}$ 时，电子反型层出现，内部出现导电通道，集电极－发射极电压 V_{CE} 逐渐由母线电压下降为饱和导通压降的过程。一般情况下，开通过程可以分为四个阶段，其示意图如图 4-31 所示。

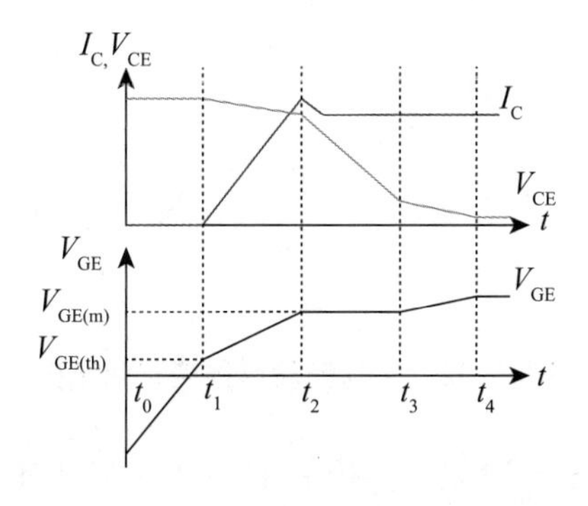

图 4-31　开通阶段参数变化示意图

开通延迟阶段（$t_0 \sim t_1$ 阶段）：门极 - 发射极电压 V_{GE} 在 t_0 时刻之后由负变正，但未达到开启阈值电压 $V_{GE(th)}$，即 $V_{GE} < V_{GE(th)}$ 时，施加在门极上的电压开始给门极电容 C_{GE} 充电，米勒电容 C_{GE} 由于续流二极管的存在使 IGBT 集电极电位高于直流母线电位而处于放电状态。

电流上升阶段（$t_1 \sim t_2$ 阶段）：门极 - 发射极电压 V_{GE} 在 t_1 时刻之后大于开启阈值电压 $V_{GE(th)}$，当集电极电流 I_C 第一次上升到稳定负载电流 I_L 时，由于反并联二极管内部存储的电荷 Q_r 被抽走，通过放电回路流出与集电极电流 I_C 同向电流，直到电荷被全部抽尽，反向恢复过程结束后，集电极电流又会回到稳定负载电流。

米勒平台阶段（$t_2 \sim t_3$ 阶段）：集电极电流 I_C 达到峰值后会下降到负载电流 I_L 上，并保持稳定，此时 IGBT 处于有源区；门极 - 发射极电压 V_{GE} 保持在米勒电压 $V_{GE(m)}$，IGBT 处于米勒平台阶段。此时门极电流 I_G 以一个稳定电流给米勒电容 C_{GC} 充电，C_{GC} 的容值也在变大，集电极 - 发射极电压 V_{CE} 以一种先快后慢的速率向饱和导通压降下降。

门极充电阶段（$t_3 \sim t_4$ 阶段）：门极 - 发射极电压 V_{GE} 在有源区突破到饱和区时，会再次上升到驱动电压值。集电极 - 发射极电压 V_{CE} 最终下降到饱和导通压降 $V_{CE(sat)}$，母线电压主要集中在反并联二极管上，至此 IGBT 完全导通。

（2）关断过程分析

IGBT 关断过程类似于开通过程的反向变化，外加门极 - 发射极电压 V_{GE} 变为负向电压，导电通道开始关闭，集电极 - 发射极电压 V_{CE} 逐渐由饱和导通压降上升为母线电压的过程。关断过程同样可以细分为四个过程，其波形示意如图 4-32 所示。

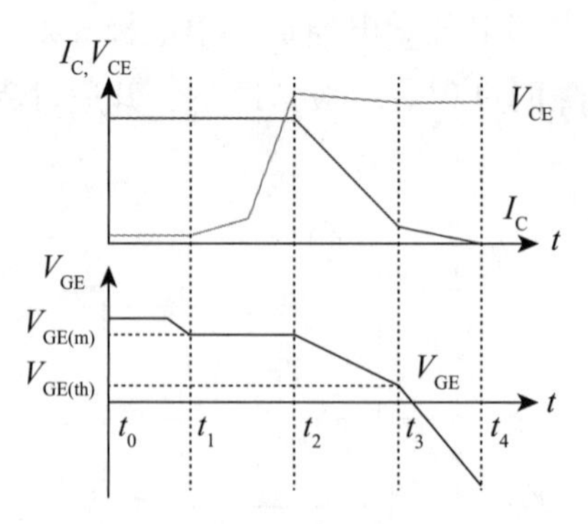

图 4-32　关断阶段参数变化示意图

关断延迟阶段（$t_0 \sim t_1$ 阶段）：控制器输出关断的 PWM 信号，加在门极上的电压由正变负，门极电容开始放电。门极 - 发射极电压 V_{GE} 会突然下降到米勒

平台电压 $V_{GE(m)}$ 然后保持稳定，集电极电流 I_C 在这个阶段保持不变，集电极－发射极电压 V_{CE} 也不变。

电压上升阶段（$t_1 \sim t_2$ 阶段）：门极－发射极电压 V_{GE} 被钳位在米勒平台电压 $V_{GE(m)}$，米勒电容 C_{GC} 开始通过门极电流 I_G 放电，集电极－发射极电压 V_{CE} 开始上升。等到 V_{GE} 突破米勒平台时，V_{CE} 开始迅速上升。

电流下降阶段（$t_2 \sim t_3$ 阶段）：门极－发射极电压 V_{GE} 突破米勒平台继续下降，直到开启阈值电压，此时 IGBT 处于有源区，集电极电流 I_C 也随着 V_{GE} 而下降。在 IGBT 主发射极与辅助发射极上存在寄生电感 L_{Ee}，I_C 迅速变化会在寄生电感上产生与母线电压同向的感生电动势 VEe，关断电压尖峰到来。

电流拖尾阶段（$t_3 \sim t_4$ 阶段）：门极－发射极电压 V_{GE} 持续下降到开启阈值电压 $V_{GE(th)}$ 之下，IGBT 进入关断状态。由于导电通道关闭，IGBT 中剩下的载流子将通过复合作用来移除，也就是拖尾电流现象。

三、检测方法

（一）判断极性

先将万用表拨在“R×1 kΩ”挡，用万用表测量时，若某一极与其他两极阻值为无穷大，调换表笔后该极与其他两极的阻值仍为无穷大，则判断此极为栅极（G）；其余两极再用万用表测量，若测得阻值为无穷大，调换表笔后测量阻值较小。在测量阻值较小的一次中，则判断红表笔接的为集电极（C），黑表笔接的为发射极（E）。

（二）判断好坏

将万用表拨在“R×10 kΩ”挡，用黑表笔接 IGBT 的集电极（C），红表笔接 IGBT 的发射极（E），此时万用表的指针在零位。用手指同时触及一下栅极（G）和集电极（C），这时 IGBT 被触发导通，万用表的指针摆向阻值较小的方向，并能站住指示在某一位置。然后再用手指同时触及一下栅极（G）和发射极（E），这时 IGBT 被阻断，万用表的指针回零。此时即可判断 IGBT 是好的。

（三）检测注意事项

任何指针式万用表皆可用于检测 IGBT。注意判断 IGBT 好坏时，一定要将万用表拨在“R×10 kΩ”挡，因“R×1 kΩ”挡以下各挡万用表内部电池电压太低，检测好坏时不能使 IGBT 导通，而无法判断 IGBT 的好坏。此方法同样也可以用于检测功率场效应晶体管（P-MOSFET）的好坏。

四、等效电路

（一）模块的选择

IGBT 模块的电压规格与所使用装置的输入电源即试电电源电压紧密相关。在使用过程中，当 IGBT 模块集电极电流增大时，所产生的额定损耗亦会变大；同时，开关损耗增大，使元件发热加剧，因此选用 IGBT 模块时额定电流应大于负载电流。特别是用作高频开关时，由于开关损耗增大，发热加剧，选用时应该降等使用。

（二）使用注意事项

IGBT 模块为 MOSFET 结构，IGBT 的栅极通过一层氧化膜与发射极实现电隔离。由于此氧化膜很薄，其击穿电压一般达到 20 ～ 30 V，因此因静电而导致栅极击穿是 IGBT 失效的常见原因之一。使用中要注意以下几点：

在使用模块时，尽量不要用手触摸驱动端子部分，当必须要触摸模块端子时，要先将人体或衣服上的静电用大电阻接地进行放电后，再触摸；在用导电材料连接模块驱动端子时，在配线未接好之前不要接上模块；尽量在底板良好接地的情况下操作。在应用中有时虽然保证了栅极驱动电压没有超过栅极最大额定电压，但栅极连线的寄生电感和栅极与集电极间的电容耦合，也会产生使氧化层损坏的振荡电压。为此，通常采用双绞线来传送驱动信号，以减少寄生电感。在栅极连线中，串联小电阻也可以抑制振荡电压。

此外，在栅极—发射极间开路时，若在集电极与发射极间加上电压，则随着集电极电位的变化，由于集电极有漏电流流过，栅极电位升高，集电极则有电流流过。这时，如果集电极与发射极间存在高电压，则有可能使 IGBT 发热甚至损坏。

在使用 IGBT 的场合，当栅极回路不正常或栅极回路损坏时（栅极处于开路状态），若在主回路上加上电压，IGBT 就会损坏，为防止此类故障，应在栅极与发射极之间串接一只 10 kΩ 左右的电阻。

在安装或更换 IGBT 模块时，应十分重视 IGBT 模块与散热片的接触面状态和拧紧程度。为了减少接触热阻，最好在散热器与 IGBT 模块间涂抹导热硅脂。一般散热片底部安装有散热风扇，散热风扇损坏，造成中散热片散热不良时，就会导致 IGBT 模块发热，从而发生故障。因此，对散热风扇应定期进行检查，一般在散热片上靠近 IGBT 模块的地方安装有温度感应器，当温度过高时将报警或停止 IGBT 模块工作。

（三）保管注意事项

一般保存 IGBT 模块的场所，应保持常温常湿状态，不应偏离太大。常温的规定为 5 ～ 35℃，常湿的规定在 45% ～ 75% 左右。在冬天特别干燥的地区，需用加湿机加湿；尽量远离有腐蚀性气体或灰尘较多的场合；在温度发生急剧变化的场所，IGBT 模块表面可能有结露水的现象，因此 IGBT 模块应放在温度变化较小的地方；保管时，需注意不要在 IGBT 模块上堆放重物；装 IGBT 模块的容器，应选用不带静电的容器。

IGBT 模块具有多种优良的特性，因此得到了快速的发展和普及，已应用到电力电子的各方各面。因此，熟悉 IGBT 模块性能，了解选择及使用时的注意事项对实际中的应用是十分必要的。

【拓展知识】

逆变器与电动机构成的调速传动系统进入实用化阶段已经有超过 20 年的历史。调速系统中的核心“变频器”是一个复杂的电子系统，易受到电磁环境的影响而发生损坏。工业系统运行过程中，生产工艺的连续性不允许系统停机，否则将意味着巨大的经济损失。特别是在一些特殊的应用场合，如自动化和宇宙空间系统、核能和危险的化学工厂中，更不允许逆变器因故障停机。由于系统可自动维护性、生存能力等指标的要求明显提高，近年来对具有容错能力的控制系统的研究得到了更多的关注。高故障容限控制系统应迅速地进行故障分析，故障后主动重构系统的软硬件结构，实行冗余、容错等控制策略，确保整个系统在不损失性能指标或部分性能指标降低的情况下安全运行，规避异常停机所造成的巨大经济损失，满足某些特殊行业的需求。实现高故障容限控制系统的前提条件是准确的故障诊断，只有准确定位故障，才能据此进行容错控制，应对逆变器中 IGBT 的开路故障诊断展开研究 。

严格地说，在变频器 - 电机构成的控制系统中，任何一个功能单元、任何一个元器件发生故障都是可能的，但变频器部分发生故障的概率要远远高于电机。而在变频器中，逆变桥 IGBT 的开路和短路故障又占了相当大的比重。所以针对上述故障的诊断方法是高故障容限变频器研究的热点问题。IGBT 的短路故障已有成熟的方案，即通过硬件电路检测 IGBT 的 D-S 压降，可以准确判别故障管。IGBT 开路故障也时有发生，一方面是由于过流烧毁导致开路，另一方面是由于接线不良、驱动断线等原因导致的驱动信号开路。相对于短路故障而言，开路故障发生后往往电机还能够继续运行，所以不易被发现，但其危害较大，因为在此情况下其余 IGBT 将流过更大的电流，易发生过流故障；且电机电流中存在直流电流分量，会引起转矩减小、发热、绝缘损坏等问题，如不及时处理开路故障，会引发更大的事故。检测出某 IGBT 开路后，才可以采用桥臂冗余、四开关等方式继续安全容错运行。归纳国内外学者在 IGBT 开路故障诊断方法上所展开的研究，主要有专家系统法、电流检测法和电压检测法三种。其中，专家系统法基于经验积累，将可能发生的故障一一列出，归纳出规律并建立知识库，当发生故障的时候只需要观测故障现象，查询知识库即可判断故障类型，难点在于难以穷尽所有的故障现象并得到完备的故障知识库，而有些故障模态往往与变频器正常运行时的某种状态非常相似，从而难以准确匹配故障。电压检测法通过考察变频器故障时电机相电压、电机线电压或电机中性点电压与正常时的偏差来诊断故障，只需要四分之一基波周期便能检测出故障，大大缩短了诊断时间，只是这种方法需要增加电压传感器，通用性差。

电流检测法最为常用，其又派生出平均电流 Park 矢量法、单电流传感器法和电流斜率法等，平均电流 Park 矢量法在 α-β 坐标系下进行，通过 3-2 变换得到 I_α 和 I_β，在一个电流周期内求其平均值，根据平均值求得平均电流 Park 矢量。故障出现时 Park 矢量将不为零，通过判断其幅值和相位确定哪只 IGBT 出现故障。平均电流 Park 矢量法的缺点在于其对负载敏感，负载不同时，Park 矢量电流大小不同，会造成评价故障的标准不统一。电流矢量斜率法根据故障前后定子电流矢量轨迹斜率的不同来诊断故障，缺点在于该方法极易受到干扰而导致误判。

针对变频器逆变桥 IGBT 开路的故障诊断，有学者对平均电流 Park 矢量法、三相平均电流法以及基于傅里叶变换的归一化方法做了对比验证，得到如下结论：

（1）平均电流 Park 矢量法和三相平均电流法在稳态情况下可以准确地检测 IGBT 开路故障、定位故障管，但在突加、突减负载时出现的误诊断。

（2）利用离散傅里叶变换得到定子电流的直流分量和基波幅值，然后根据基波幅值大小将直流分量归一化，依据归一化后的直流分量大小定位开路故障的 IGBT，可解决传统方法在突加、突减负载时会出现误诊断问题。

（3）变频器 IGBT 开路故障诊断提供了有效方法，其可作为容错控制的基础，后续工作可以围绕故障后的容错控制展开。

【思考题】

4-15 简述 IGBT 的原理。

4-16 IGBT 故障检测方法有哪些？

4-17 谈一谈对 IGBT 的应用与体会。

课题三　变频器

【课题描述】

变频器（Variable-Frequency Drive，VFD）是应用变频技术与微电子技术，通过改变电机工作电源频率方式来控制交流电动机的电力控制设备。

变频器主要由整流（交流变直流）、滤波、逆变（直流变交流）、制动单元、驱动单元、检测单元、微处理单元等组成。变频器靠内部 IGBT 的开断来调整输出电源的电压和频率，根据电机的实际需要来提供其所需要的电源电压，进而达到节能、调速的目的。另外，变频器还有很多的保护功能，如过流、过压、过载保护等。随着工业自动化程度的不断提高，变频器也得到了非常广泛的应用。

【学习目标】

- 了解变频器的基础知识。
- 掌握通用变频器的结构、控制方式。
- 频器干扰故障处理。

【相关知识】

一、组成

（一）主电路

主电路是给异步电动机提供调压调频电源的电力变换部分，变频器的主电路大体上可分为两类：电压型是将电压源的直流变换为交流的变频器，直流回路的滤波是电容；电流型是将电流源的直流变换为交流的变频器，其直流回路滤波是电感。它由三部分构成，将工频电源变换为直流功率的“整流器”，吸收在变流器和逆变器产生的电压脉动的“平波回路”，以及将直流功率变换为交流功率的“逆变器”。

（二）整流器

大量使用的是二极管的变流器，它把工频电源变换为直流电源。也可用两组晶体管变流器构成可逆变流器，由于其功率方向可逆，可以进行再生运转。

（三）平波回路

在整流器整流后的直流电压中，含有电源六倍频率的脉动电压，此外逆变器产生的脉动电流也使直流电压变动。为了抑制电压波动，采用电感和电容吸收脉动电压（电流）。装置容量小时，如果电源和主电路构成器件有余量，可以省去电感采用简单的平波回路。

（四）逆变器

同整流器相反，逆变器是将直流功率变换为所要求频率的交流功率，以所确定的时间使六个开关器件导通、关断就可以得到三相交流输出。以电压型 PWM 逆变器为例示出开关时间和电压波形。

控制电路是给异步电动机供电（电压、频率可调）的主电路提供控制信号的回路，它由有频率、电压的“运算电路”，主电路的“电压、电流检测电路”，电动机的“速度检测电路”，将运算电路的控制信号进行放大的“驱动电路”，以及逆变器和电动机的“保护电路”组成。

（1）运算电路：将外部的速度、转矩等指令同检测电路的电流、电压信号进行比较运算，决定逆变器的输出电压、频率。

（2）电压、电流检测电路：与主回路电位隔离检测电压、电流等。

（3）速度检测电路：以装在异步电动机轴机上的速度检测器的信号为速度信号，送入运算回路，根据指令和运算可使电动机按指令速度运转。

（4）驱动电路：驱动主电路器件的电路。它与控制电路隔离使主电路器件导通、关断。

（5）保护电路：检测主电路的电压、电流等，防止发生过载或过电压等异常时逆变器和异步电动机损坏。

二、控制方式

低压通用变频输出电压为 380 ～ 650 V，输出功率为 0.75 ～ 400 kW，工作频率为 0 ～ 400 Hz，它的主电路都采用交—直—交电路。其控制方式经历了以下几代。

（一）正弦脉宽调制（SPWM）控制方式

为了使变压变频器输出交流电压的波形近似为正弦波，使电动机的输出转矩平稳，从而获得优秀的工作性能，现代通用变压变频器中的逆变器都是由全控型电力电子开关器件构成，采用脉宽调制（Pulse Width Modulation，PWM）控制的，只有在全控器件尚未能及的特大容量时才采用晶闸管变频器。应用最早而且作为 PWM 控制基础的是正弦脉宽调制（Sinusoidal Pulse Width Modulation，SPWM）。

一个连续函数是可以用无限多个离散函数逼近或替代的，因而可以设想用多个不同幅值的矩形脉冲波来替代正弦波，如图 4-33 所示。图中，在一个正弦半波上分割出多个等宽不等幅的波形（假设分出的波形数目 $n=12$），如果每一个矩形波的面积都与相应时间段内正弦波的面积相等，则这一系列矩形波的合成面积就等于正弦波的面积，也即有等效的作用。为了提高等效的精度，矩形波的个数越多越好，显然，矩形波的数目受到开关器件允许开关频率的限制。

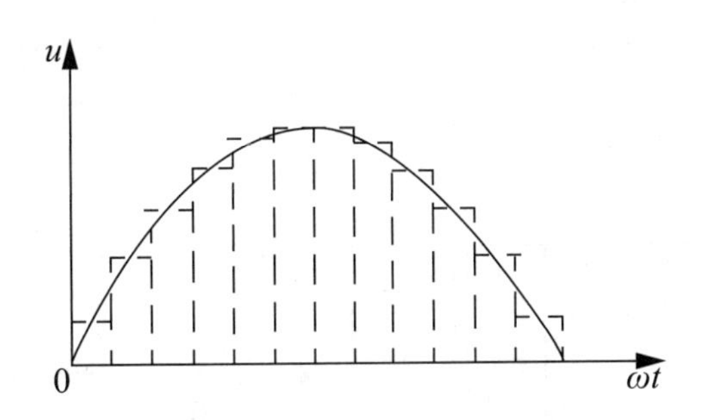

图 4-33　与正弦波等效的等宽不等幅矩形脉冲波序列

在通用变频器采用的交—直—交变频装置中，前级整流器是不可控的，给逆变器供电的是直流电源，其幅值恒定。从这点出发，设想把上述一系列等宽不等幅的矩形波用等幅不等宽的矩形脉冲波来替代（图 4-34），只要每个脉冲波的面积都相等，也应该能实现与正弦波等效的功能，称作正弦脉宽调制（SPWM）波形。例如，把正弦半波分作 n 等分（在图 4-34 中，$n=9$），把每一等分的正弦曲线与横轴所包围的面积都用一个与此面积相等的矩形脉冲来代替，矩形脉冲的幅值不变，各脉冲的中点与正弦波每一等分的中点相重合，这样就形成了 SPWM 波形。同样，正弦波的负半周也可用相同的方法与一系列负脉冲波等效。这种正弦波正、负半周分别用正、负脉冲等效的 SPWM 波形称作单极式 SPWM。

正弦脉宽调制（SPWM）特点是控制电路结构简单、成本较低，机械特性硬度也较好，能够满足一般传动的平滑调速要求，已在产业的各个领域得到广泛应用。但是，这种控制方式在低频时的输出电压较低，转矩受定子电阻压降的影响比较显著，使输出最大转矩减小。另外，其机械特性终究没有直流电动机硬，动态转矩能力和静态调速性能都还不尽如人意，且系统性能不高，控制曲线会随负载的变化而变化，还存在转矩响应慢、电机转矩利用率不高，低速时因定子电阻和逆变器死区效应的存在而性能下降、稳定性变差等问题，因此人们又研究出了矢量控制变频调速。

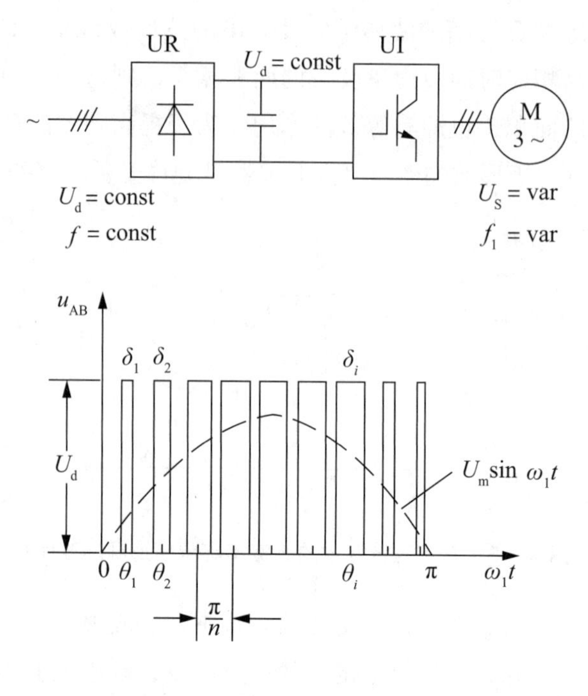

图 4-34 SPWM 波形

（二）电压空间矢量 PWM 控制方式

它是以三相波形整体生成效果为前提，以逼近电机气隙的理想圆形旋转磁场轨迹为目的，一次生成三相调制波形，以内切多边形逼近圆的方式进行控制的。经实践使用后又有所改进，即引入频率补偿，能消除速度控制的误差；通过反馈估算磁链幅值，消除低速时定子电阻的影响；将输出电压、电流闭环，以提高动态的精度和稳定度。但控制电路环节较多，且没有引入转矩的调节，所以系统性能没有得到根本改善。

随时间按正弦规律变化的物理量可在复平面上用时间向量表示，而在空间呈正弦分布的物理量也可在复平面上表示为一个空间矢量（SV）。图 4-35 绘出了异步电动机定子三相绕组接线图，图中箭头所指为相应物理量的给定正方向。在空间呈正弦分布的三相定子绕组磁动势可用相应的空间矢量表示，它们分别坐落在代表三相定子绕组轴线空间位置的 A、B、C 轴上，而三相绕组合成磁动势的空间矢量为图中的 $\boldsymbol{F}_S$。

$$\boldsymbol{F}_S=\boldsymbol{F}_A+\boldsymbol{F}_B+\boldsymbol{F}_C$$

$\boldsymbol{F}_A$、$\boldsymbol{F}_B$、$\boldsymbol{F}_C$ 的模均在各自的绕组轴线上按正弦规律作脉动变化，时间相位分别差 2π/3。它们的合成磁动势空间矢量 $\boldsymbol{F}_S$ 则绕定子参考坐标系的原点以同步角频率旋转。当三相定子绕组电流为对称的三相正弦电流时，$\boldsymbol{F}_S$ 的幅值为常数，是各相磁动势幅值的 3/2 倍，矢量顶端的运动轨迹是一个圆，即通称的圆形旋转磁场。

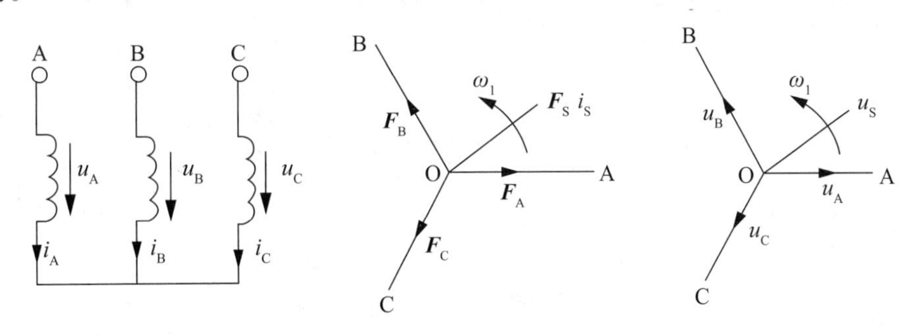

（a）定子绕组接线图　（b）磁动势（电流）空间矢量　（c）电压空间矢量

图 4–35　定子三相绕组及其磁动势和电压的空间矢量

（三）矢量控制（VC）方式

矢量控制变频调速的做法是将异步电动机在三相坐标系下的定子电流 I_a、I_b、I_c 通过三相－二相变换，等效成两相静止坐标系下的交流电流 $I_{a_1}I_{b_1}$，再通过按转子磁场定向旋转变换，等效成同步旋转坐标系下的直流电流 I_{m_1}、I_{t_1}（I_{m_1} 相当于直流电动机的励磁电流；I_{t_1} 相当于与转矩成正比的电枢电流），然后模仿直流电动机的控制方法，求得直流电动机的控制量，经过相应的坐标反变换，实现对异步电动机的控制。其实质是将交流电动机等效为直流电动机，分别对速度、磁场两个分量进行独立控制。通过控制转子磁链，然后分解定子电流而获得转矩和磁场两个分量，经坐标变换，实现正交或解耦控制。矢量控制方法的提出具有划时代的意义。然而在实际应用中，由于转子磁链难以准确观测，系统特性受电动机参数的影响较大，且在等效直流电动机控制过程中所用矢量旋转变换较复杂，这使实际的控制效果难以达到理想分析的结果。

（四）直接转矩控制（DTC）方式

1985 年，德国鲁尔大学的德彭布洛克（Depenbrock）教授首次提出了直接转矩控制变频技术。该技术在很大程度上解决了上述矢量控制的不足，并以新颖的控制思想、简洁明了的系统结构、优良的动静态性能得到了迅速发展。该技术已成功地应用在电力机车牵引的大功率交流传动上。直接转矩控制直接在定子坐标系下分析交流电动机的数学模型，控制电动机的磁链和转矩。它不需要将交流电动机等效为直流电动机，因而省去了矢量旋转变换中的许多复杂计算；它不需要模仿直流电动机的控制，也不需要为解耦而简化交流电动机的数学模型，如图 4-36 所示。

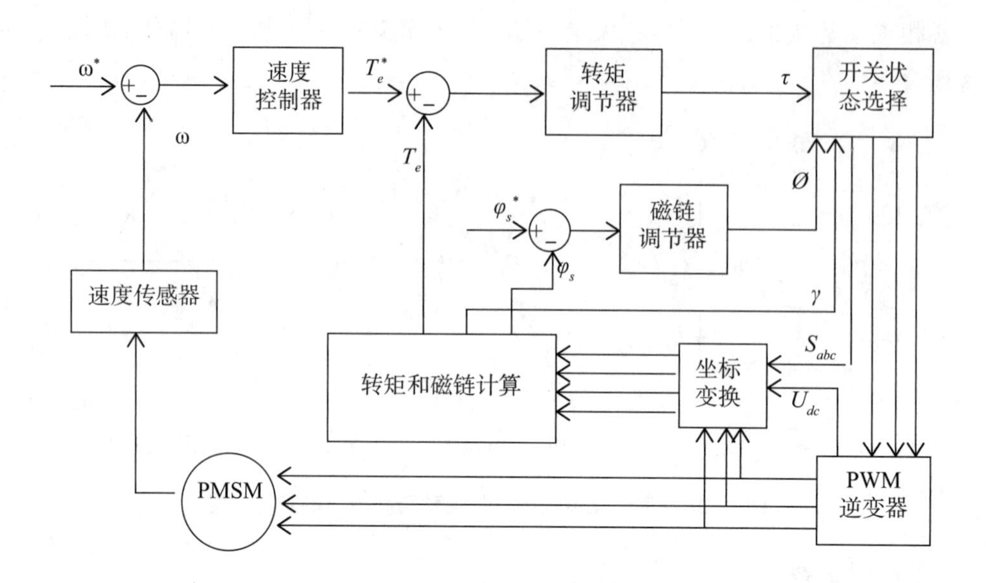

图 4-36　直接转矩控制

（五）矩阵式交—交控制方式

VVVF 变频、矢量控制变频、直接转矩控制变频都是交—直—交变频中的一种。其共同缺点是输入功率因数低，谐波电流大，直流电路需要较大的储能电容，再生能量又不能反馈回电网，即不能进行四象限运行。为此，矩阵式交—交变频应运而生。矩阵式交—交变频省去了中间直流环节，从而省去了体积大、价格贵的电解电容，它能实现功率因数为1、输入电流为正弦且能四象限运行，且系统的功率密度较大。该技术虽尚未成熟，但仍吸引着众多的学者深入研究。其实质不是间接地控制电流、磁链等量，而是把转矩直接作为被控制量来实现的。具体方法如下：

（1）控制定子磁链 . 引入定子磁链观测器，实现无速度传感器方式；

（2）自动识别（ID）。依靠精确的电机数学模型，对电机参数自动识别；

（3）算出实际值。对应定子阻抗、互感、磁饱和因素、惯量等算出实际的转矩、定子磁链、转子速度进行实时控制。

（4）实现 Band-Band 控制。按磁链和转矩的 Band-Band 控制产生 PWM 信号，对逆变器开关状态进行控制。

矩阵式交—交变频具有快速的转矩响应（< 2 ms），很高的速度精度（ ± 2%，无 PG 反馈），高转矩精度（<+3%）；同时具有较高的起动转矩及高转矩精度，尤其在低速时（包括 0 速度时），可输出 150% ～ 200% 转矩。

三、变频器干扰故障处理

（一）干扰故障诊断

在变频器干扰故障诊断的过程中，可以采用故障树分析原理对干扰故障进行分析。故障树分析主要是以被诊断故障目标的组织与性能特点的作为模型，也是特定性能的因果模型。在具体的应用中，首先选取最合理的顶事件；其次创设科学的故障树，对变频器展开故障树分析；最后，采用逻辑思维和最小各级计算方法，对变频器故障干扰进行诊断。

（二）变频器干扰故障的主要类型及相应的处理措施

1. 静电耦合干扰处理措施

静电耦合主要由控制电缆和区域电流通过器件通道，在电缆中产生电势。对于静电耦合干扰的故障干扰处理，可以适当地加大变频器电缆与干扰源电源电缆的距离。当距离超过导体直径 45 倍左右时，干扰的作用就不会太过于明显，干扰程度不大。此外，还可以通过在两者电缆之间的安置屏蔽导体，再把屏蔽导体接至地面，这样也能够有效减少变频器的干扰。

2. 静电感应干扰处理措施

静电感应干扰主要是指周边电流通过器件通道所产生的磁通变化在电缆中感应出的电势。对于静电感应干扰的故障干扰处理，通常可以把控制电缆与主回路电缆或者与其他动力电缆分离铺设，而两者之间的分离距离一般都是在 30 cm 以上，最低的标准为 10 cm。在电缆分离遇到困难的时候，可以把控制电缆穿过铁管铺设。

将控制传输导体尽可能小地进行绞合，绞合的间距越小，铺设的线路也就越短，而抗干扰的效果也就越明显。

3. 电波干扰处理措施

这种故障的排除除了外界因素将变频器远离强辐射的干扰源外，主要是应增强其自身的抗干扰能力。特别对于主控板，除了采取必要的屏蔽措施外，采取对外界隔离的方式尤为重要。应该先尽量使主控板与外界的接口采用隔离措施。我们在高中压及低压大功率变频器及提升机变频器中采用了光纤传输隔离，在外界取样电路（包括短路保护、过流保护、温升保护及过、欠压保护）中采用了光电隔离，在提升机与外界接口电路采用了 PLC 隔离，这些措施都有效避免了外界的电磁干扰，在实践应用中都得到了较好的效果。另外，对变频器的控制电路（主控板、分信号板及显示板）中应用的数字电路，如 74HC14、74HC00、74HC373 及芯片 89C51、87C196 等，应特别强调每个集成块都要加退耦电容。

【思考题】

4-18 变频器的原理是什么?

4-19 简述变频器的组成。

4-20 变频器的控制方式有哪些?

参考文献

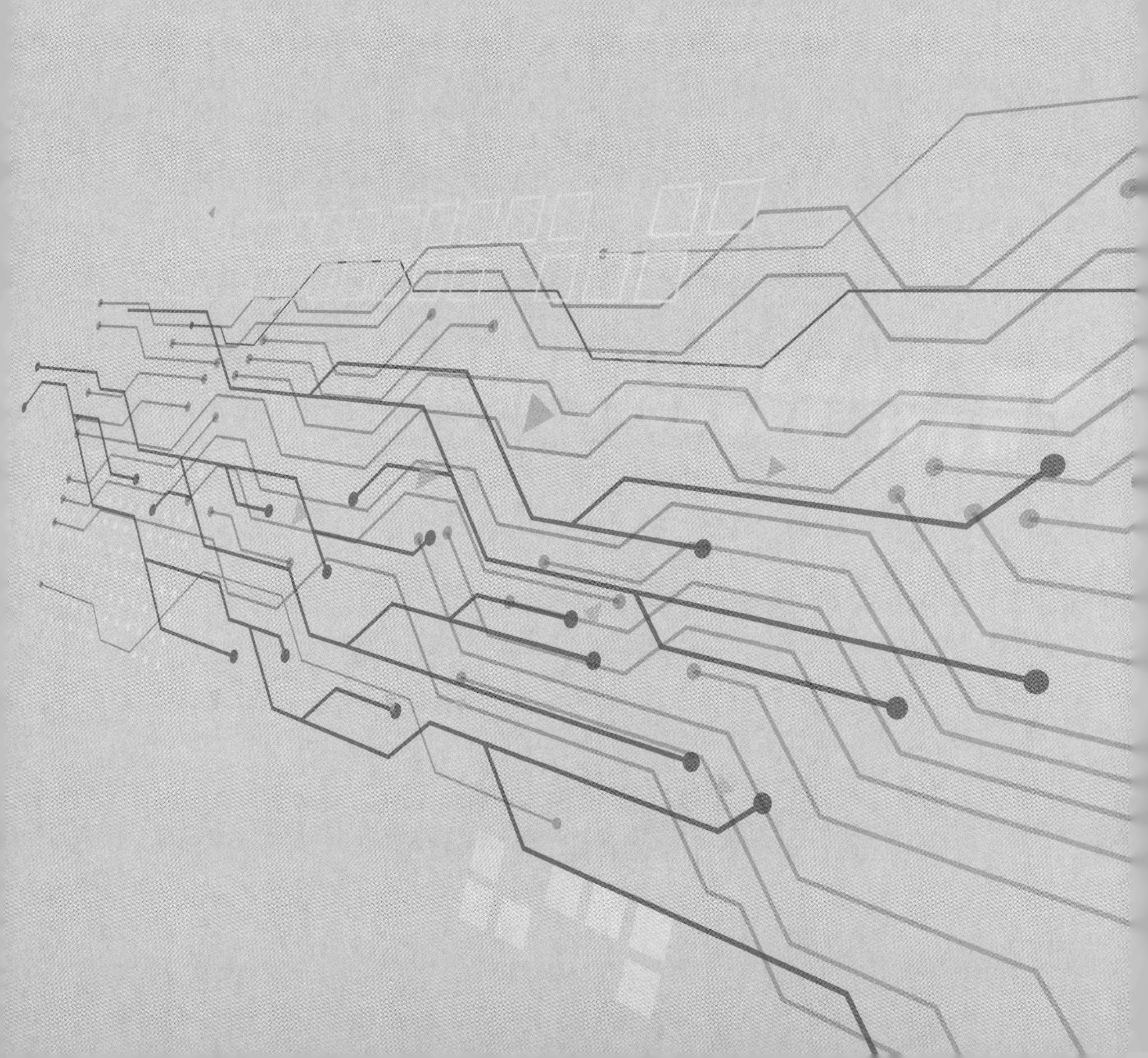

[1] 刘燕，杨浩东，鲁明丽 . 电力电子技术 [M]. 北京：机械工业出版社，2020.
[2] 龚素文，李图平 . 电力电子技术 [M]. 北京：北京理工大学出版社，2019.
[3] 张加胜，张磊，马文忠 . 电力电子技术 [M]. 东营：中国石油大学出版社，2018.
[4] 关健，李欣雪，张晓亚，等 . 电力电子技术 [M]. 北京：北京理工大学出版社，2018.
[5] 徐春燕，雷丹，曹建平，等 . 电力电子技术 [M]. 武汉：华中科技大学出版社，2018.
[6] 金美娜 . 电力电子技术 [M]. 北京：北京希望电子出版社，2019.
[7] 吴硕，孙英伟，许连阁，等 . 电力电子技术 [M]. 北京：中央广播电视大学出版社，2017.
[8] 刘志华，刘曙光 . 电力电子技术 [M]. 成都：电子科技大学出版社，2017.
[9] 姚绪梁，张敬南，卢芳，等 . 电力电子技术 [M]. 哈尔滨：哈尔滨工程大学出版社，2017.
[10] 武兰江，赵迎春，李黎，等 . 电力电子技术 [M]. 北京：北京希望电子出版社，2017.
[11] 王利婷，符亚杰，毛新红 . 电力电子技术 [M]. 长春：吉林大学出版社，2016.
[12] 陈媛，刘新竹，丁稳房，等 . 电力电子技术 [M]. 武汉：华中科技大学出版社，2016.
[13] 贺虎成，房绪鹏，张玉峰 . 电力电子技术 [M]. 徐州：中国矿业大学出版社，2016.
[14] 吕志香，李建荣 . 电力电子技术 [M]. 西安：西安电子科技大学出版社，2016.
[15] 李洁，晁晓洁 . 电力电子技术 [M]. 重庆：重庆大学出版社，2015.
[16] 康劲松，陶生桂 . 电力电子技术 [M]. 北京：中国铁道出版社，2015.
[17] 殷刚，王涌泉 . 电力电子技术 [M]. 北京：北京理工大学出版社，2012.
[18] 曲永印，白晶，董洁，等 . 电力电子技术 [M]. 北京：机械工业出版社，2013.
[19] 黄仕君，夏志华，吕惠芳，等 . 电力电子技术 [M]. 天津：南开大学出版社，2014.
[20] 董慧敏，刘勇军，姚志英，等 . 电力电子技术 [M]. 哈尔滨：哈尔滨工业大学出版社，2012.
[21] 康劲松，陶生桂 . 电力电子技术 [M]. 北京：中国铁道出版社，2010.

[22] 杨杰，訾兴建 . 电力电子技术 [M]. 合肥：安徽大学出版社，2010.
[23] 周景龙，刘兰波，崔承杰 . 电力电子技术 [M]. 北京：煤炭工业出版社，2009.
[24] 任国海 . 电力电子技术 [M]. 杭州：浙江大学出版社，2009.
[25] 杨立林 . 电力电子技术 [M]. 成都：西南交通大学出版社，2009.
[26] 杨卫国，肖冬 . 电力电子技术 [M]. 北京：冶金工业出版社，2011.
[27] 王旭光，房绪鹏 . 电力电子技术 [M]. 东营：中国石油大学出版社，2009.
[28] 张加胜，张磊 . 电力电子技术 [M]. 东营：中国石油大学出版社，2008.
[29] 周玲 . 电力电子技术 [M]. 北京：冶金工业出版社，2008.
[30] 王丽华，康晓明 . 电力电子技术 [M]. 北京：国防工业出版社，2010.